"十四五"职业教育国家规划教材

数控车削编程与操作实训教程

第 2 版

主　编　骆书芳　汪哲能

副主编　张代垚　高明怡　王　磊

参　编　孟昭强　刘卓韬　刘君红　马红军

　　　　张天虎　侯运河　黄佑红

主　审　刘加勇

机 械 工 业 出 版 社

本书以培养技能型人才，使读者掌握实践技能为目的，较为系统地阐述了数控车床编程及加工的相关内容。

本书介绍了数控车床安全操作规程与维护保养、数控车床的认知以及数控车床的相关编程、工艺基础知识。本书以实际生产中的典型零件，如圆锥轴零件、球面零件、凹圆零件等为例，讲解了外圆车刀的用法；以切槽零件为例，讲解了切槽刀的用法；以螺纹轴零件为例，讲解了螺纹车刀的用法；以典型轴类零件为例，讲解了典型轴类零件的编程及加工方法，并对内孔及套类零件进行了分析，讲解了其编程及加工方法；分析了智慧工厂所需要的技能密集型、知识密集型岗位，为制造企业数字化转型持续赋能。

本书可作为职业院校数字化设计与制造技术、数控技术专业的教材，也可作为从事数控编程与加工工作的工程技术人员、操作人员的学习参考用书。

为便于教学，本书配套有电子课件、微课视频等教学资源，凡选用本书作为授课教材的教师可登录 www.cmpedu.com 注册后免费下载。

图书在版编目（CIP）数据

数控车削编程与操作实训教程／骆书芳，汪哲能主编. -- 2 版. -- 北京：机械工业出版社，2025. 6.
（"十四五"职业教育国家规划教材）. -- ISBN 978-7-111-78415-9

Ⅰ. TG519. 1

中国国家版本馆 CIP 数据核字第 2025WV1531 号

机械工业出版社（北京市百万庄大街 22 号　邮政编码 100037）
策划编辑：黎　艳　　　　　　责任编辑：黎　艳　章承林
责任校对：樊钟英　张　征　　封面设计：张　静
责任印制：常天培
河北虎彩印刷有限公司印刷
2025 年 6 月第 2 版第 1 次印刷
184mm×260mm · 13.75 印张 · 335 千字
标准书号：ISBN 978-7-111-78415-9
定价：49.00 元

电话服务　　　　　　　　　　网络服务
客服电话：010-88361066　　机 工 官 网：www.cmpbook.com
　　　　　010-88379833　　机 工 官 博：weibo.com/cmp1952
　　　　　010-68326294　　金 书 网：www.golden-book.com
封底无防伪标均为盗版　　　机工教育服务网：www.cmpedu.com

关于"十四五"职业教育
国家规划教材的出版说明

为贯彻落实《中共中央关于认真学习宣传贯彻党的二十大精神的决定》《习近平新时代中国特色社会主义思想进课程教材指南》《职业院校教材管理办法》等文件精神，机械工业出版社与教材编写团队一道，认真执行思政内容进教材、进课堂、进头脑要求，尊重教育规律，遵循学科特点，对教材内容进行了更新，着力落实以下要求：

1. 提升教材铸魂育人功能，培育、践行社会主义核心价值观，教育引导学生树立共产主义远大理想和中国特色社会主义共同理想，坚定"四个自信"，厚植爱国主义情怀，把爱国情、强国志、报国行自觉融入建设社会主义现代化强国、实现中华民族伟大复兴的奋斗之中。同时，弘扬中华优秀传统文化，深入开展宪法法治教育。

2. 注重科学思维方法训练和科学伦理教育，培养学生探索未知、追求真理、勇攀科学高峰的责任感和使命感；强化学生工程伦理教育，培养学生精益求精的大国工匠精神，激发学生科技报国的家国情怀和使命担当。加快构建中国特色哲学社会科学学科体系、学术体系、话语体系。帮助学生了解相关专业和行业领域的国家战略、法律法规和相关政策，引导学生深入社会实践、关注现实问题，培育学生经世济民、诚信服务、德法兼修的职业素养。

3. 教育引导学生深刻理解并自觉实践各行业的职业精神、职业规范，增强职业责任感，培养遵纪守法、爱岗敬业、无私奉献、诚实守信、公道办事、开拓创新的职业品格和行为习惯。

在此基础上，及时更新教材知识内容，体现产业发展的新技术、新工艺、新规范、新标准。加强教材数字化建设，丰富配套资源，形成可听、可视、可练、可互动的融媒体教材。

教材建设需要各方的共同努力，也欢迎相关教材使用院校的师生及时反馈意见和建议，我们将认真组织力量进行研究，在后续重印及再版时吸纳改进，不断推动高质量教材出版。

机械工业出版社

序

　　2023 年 9 月，习近平总书记在黑龙江省哈尔滨市主持召开新时代推动东北全面振兴座谈会时强调，积极培育新能源、新材料、先进制造、电子信息等战略性新兴产业，积极培育未来产业，加快形成新质生产力，增强发展新动能。

　　新质生产力的提出，不仅意味着以科技创新推动产业创新，更体现了以产业升级构筑新竞争优势、赢得发展的主动权。形成新质生产力，要依托科技，依托创新。从人工智能、工业互联网到大数据，纵观近年来促进全球经济增长的新引擎，无一不是由新技术带来的新产业，进而形成的新生产力。新一轮科技革命和产业变革与中国加快转变经济发展方式形成历史性交汇，面向前沿领域及早布局，提前谋划变革性技术，夯实未来发展的技术基础，是不容错过的重要战略机遇，是抢占发展制高点、培育竞争新优势的先手棋。形成新质生产力，关键在培育新产业。经济发展从来不靠一个产业"打天下"，而是百舸争流、千帆竞发，主导产业和支柱产业在持续迭代优化。光伏、新能源汽车、高端装备……这些促进当前经济增长的重要引擎，都是从曾经的"未来产业"、战略性新兴产业发展而来的。发挥科技创新的增量器作用，加大源头性技术储备，积极培育未来产业，加快形成新质生产力，将为中国经济高质量发展构建新竞争力和持久动力。

　　本书以"案例引导，项目驱动"为谋略，以企业新生产模式为驱动，以学习环节为载体，重视制造企业的运行模式，在书中拓展了认识智慧工厂岗位需求项目，从而培养不同于传统以简单重复劳动为主的新劳动者，培养能够充分利用现代技术、适应现代高端先进设备、具有知识快速迭代能力的新型人才，构建深度校企融合的新人才培养模式。

刘加勇

2024 年 3 月

前　言

为了体现职业教育"锚定职场需求，精筑能力高地"的特色，编者根据高等职业教育专科"数字化设计与制造技术"专业教学标准编写了本书。

在智能制造应用场景下，数控技术越来越成为制造业的核心，数控加工人才的需求越来越多。为适应制造业产业优化升级需要，对接通用设备制造业、汽车制造业等产业数字化、网络化、智能化发展新趋势，以及能够培养更多合格学生，使学生的知识结构和技能水平能更好地与制造企业接轨，培养符合社会所需的技能人才，本书本着"实用、够用"的原则进行编写，力求反映数控车床工艺的基本知识和数控编程原理，突出实训的特点，做到理论与实践相结合，并分析智慧工厂所需要的技能密集型、知识密集型岗位，为制造企业数字化转型持续赋能。

本书是编者近年来从事数控加工、数控机床教学和培训的经验总结，并广泛借鉴了国内外的先进资料和经验。本书的特点是注重实践环节，兼顾理论知识，旨在培养既能编制数控程序，又能操作数控机床，同时又掌握一定的理论知识的技能型人才。本书围绕培养学生的职业技能，以行动导向的方式采用图例式进行讲解，从内容的编排上突出以实际技能为主导，用加工工艺的介绍和分析、加工编辑指令的讲述与具体实例相结合的方法，图文并茂、循序渐进地让学生更好地理解和掌握所学知识并获得相应的职业技能。

本书由集美工业职业学院骆书芳、湖南财经工业职业技术学院汪哲能任主编；集美工业职业学院张代垚、沈阳信息工程学校高明怡、临沂市工业学校王磊任副主编；集美工业职业学院孟昭强、刘卓韬，包头钢铁职业技术学院刘君红，长春市机械工业学校马红军，甘肃机电职业技术学院张天虎，山东高密技师学院侯运河，安顺机械工业学校黄佑红参与编写。本书由机械教育发展中心刘加勇处长主审。全书数字化资源内容脚本及制作由骆书芳完成，刘加勇审校。

由于编者水平有限，书中难免存在疏漏及不妥之处，恳请读者批评指正。

编　者

名称	二维码	名称	二维码	名称	二维码
数控车削实训安全操作规程		锁住按钮的使用		数控车削加工中换刀点及刀位点的确定	
数控车床开机前操作		跳选按钮的使用		数控车削加工对刀点的确定	
数控车床的组成		数控编程的方法		机床原点与机床参考点	
数控车床型号及代码含义		数控编程的主要步骤		游标卡尺的使用	
机床操作面板		编程坐标系与编程原点		外螺纹车刀的装夹及要求	
系统启动与停止		编辑工作方式的使用		MDI方式的使用	
主轴的正转、反转与停止		数控车削加工路线的确定		坐标系的建立	
紧急停止按钮的使用		数控车削刀具介绍		JOG方式的使用	

（续）

名称	二维码	名称	二维码	名称	二维码
程序段格式及说明		主轴功能 S 指令		G03 绝对坐标指令	
程序的建立		刀具功能 T 指令		G03 绝对坐标编程	
程序的结构		G00 指令及格式		G32 指令加工外螺纹程序编制	
程序的编辑		G01 指令及格式		G32 指令加工内螺纹程序编制	
程序的调用		G02 相对坐标指令		G40、G41、G42 指令及应用	
空运行的使用		G02 相对坐标编程		G41、G42 指令的判断	
自动方式的使用		G02 绝对坐标指令		G70 指令格式及应用	
单段方式的使用		G02 绝对坐标编程		G71、G70 指令编程实例	
准备功能 G 指令		G03 相对坐标指令		G73 指令格式及应用	
进给指令 F 功能		G03 相对坐标编程		G76 指令加工内螺纹程序编制	

（续）

名称	二维码	名称	二维码	名称	二维码
G90 指令加工圆柱面程序编制		内螺纹车刀对刀		宽槽加工程序的编写	
G90 指令加工圆锥面程序编制		内螺纹车刀的装夹		窄槽加工程序的编写	
G92 指令格式及应用		外螺纹车刀对刀		内沟槽加工编程	
G92 指令加工圆柱螺纹程序编制		螺纹轴向起点和终点尺寸的确定		单行程螺纹切削指令 G32	
G92 指令加工内螺纹程序编制		螺纹加工的多刀切削		加工中的过切削或欠切削	
复合固定循环指令（G71、G73、G70）和外圆粗车循环指令 G71		螺纹切削复合循环指令 G76		凸圆弧零件加工实例（一）工艺分析	
简单固定循环指令 G90 格式及应用		粗加工凹圆弧表面		凸圆弧零件加工实例（二）编程	
千分尺的使用		粗加工凸圆弧表面		凸圆弧零件加工实例（三）对刀、加工	
倒角及倒圆角编程		孔加工编程（一）		凹圆弧零件加工实例（一）工艺分析	
圆弧的顺、逆方向判断		孔加工编程（二）		凹圆弧零件加工实例（二）编程、对刀和加工	

目 录

项目一 数控车床安全操作规程与维护保养

工作任务描述

新课导入

"7S"管理的内容如图1-1所示。

整理（SEIRI）——将工作场所中的任何物品分为"有必要的"和"没有必要的"两类，除了有必要的物品留下来以外，其他的都消除掉。**目的**：腾出空间，活用空间，防止误用，塑造清爽的工作场所。

整顿（SEITON）——把留下来的有必要的物品依规定位置摆放，并放置整齐和加以标识。**目的**：使工作场所一目了然，减少寻找物品的时间，塑造整整齐齐的工作环境，消除过多的积压物品。

清扫（SEISO）——将工作场所内看得见与看不见的地方清扫干净，保持工作场所干净、亮丽。**目的**：稳定品质，减少工业伤害。

清洁（SEIKETSU）——将整理、整顿、清扫进行到底，并且制度化，经常保持环境外在美观的状态。**目的**：创造明朗现场，维持上面"3S"成果。

图1-1 "7S"管理

素养（SHITSUKE）——每位成员养成良好的习惯，并遵守规则做事，培养积极主动的精神（也称习惯性）。**目的**：培养有好习惯、遵守规则的员工，营造团队精神。

安全（SAFETY）——重视成员安全教育，每时每刻都有"安全第一"观念，防患于未然。**目的**：建立安全生产的环境，所有的工作应建立在安全的前提下。

节约（SAVE）——杜绝浪费，节约费用，降低很多不必要的浪费。**目的**：降低成本，减少费用。

严格遵循数控车床的安全操作规程，不仅是保障人身和设备安全的需要，也是保证数控

车床能够正常工作、达到技术性能、充分发挥其加工优势的需要。另外，还要具备对数控车床进行维护保养的能力，以降低故障率，提高数控车床的利用率。因此，在数控车床的使用和操作中必须严格遵循数控车床的安全操作规程，并能进行数控车床的日常及定期的系统检查、维护保养工作。

用以下的简短语句来描述"7S"，也能方便记忆：

"整理"：要与不要，一留一弃；"整顿"：科学布局，取用快捷；"清扫"：清除垃圾，美化环境；"清洁"：洁净环境，贯彻到底；"素养"：形成制度，养成习惯；"安全"：防微杜渐，警钟长鸣；"节约"：节约为荣，浪费为耻。

学习目标

1）熟悉数控车床的安全操作规程。
2）能够进行数控车床的日常及定期的系统检查、维护保养工作。
3）具有数控车床操作基本的自我保护意识与能力。
4）能进行数控车床常用工具、夹具、量具的维护保养。

学习环节一　安全文明生产及安全操作基本要求

数控车床是严格按照从外部输入的程序来自动加工工件的，为使数控车床能安全、可靠、高效地工作，要求做到安全文明生产及安全操作。

1）学生进入实训场地时必须穿好工作服并扎紧袖口，女生须戴好工作帽。
2）不允许穿凉鞋或高跟鞋进入实训场地。
3）严禁戴手套操作数控车床。
4）加工硬脆工件或进行高速切削时，必须戴防护镜。
5）必须熟悉数控车床的性能，掌握操作面板的功用，否则不得使用车床。
6）不要移动或损坏安装在机床上的警告标牌。
7）不要在机床周围放置障碍物，工作空间应足够大。
8）当某项工作需要两人或多人共同完成时，应注意相互间的协调一致，如装卸卡盘或装夹重工件时，要有人协助，且床面上必须垫木板。
9）不允许使用压缩空气清理机床、电气柜及数控单元。
10）不得任意拆卸和移动机床上的保险和安全防护装置。
11）严禁用敲打的方法在卡盘上、顶尖间对工件进行校直和修正。
12）必须将工件、刀具和夹具都装夹牢固，然后才能进行切削加工。
13）未经许可禁止打开电气柜。
14）机床加工运行前，必须关好机床防护门。
15）在工件转动过程中，不准用手触摸工件或用棉丝擦拭工件，不准用手清除切屑，不准用手强行制动。
16）若机床数天不使用，则每隔一天应对数控及CRT（阴极射线管）显示器部分通电2~3h。

17）严格遵守岗位责任制，机床由专人使用，他人使用须经相关人员同意。

学习环节二　加工运行前的准备工作

1. 开机前的准备工作

1）开机前，清理好现场，机床导轨、防护罩顶部不允许放工具、刀具、量具、工件及其他杂物，上述物品必须放在指定的位置，如图 1-2 所示。

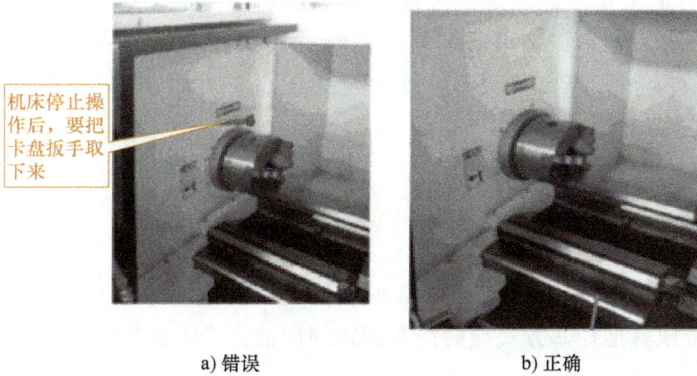

机床停止操作后，要把卡盘扳手取下来

a) 错误　　　　　　　　　　b) 正确

图 1-2　开机前机床的准备

2）开机前，应按说明书规定给相关部位加油，并检查油标、油量是否符合要求。

2. 加工运行前的准备工作及注意事项

1）加工运行前要预热机床，认真检查润滑系统工作是否正常，若机床长时间未使用，则必须按说明书要求润滑各手动润滑点。

2）使用的刀具应与机床允许的规格相符，及时更换严重破损的刀具。

3）不要将所用工具遗忘在机床内。

4）刀具安装好后应进行 1~2 次试切削。

5）检查卡盘夹紧工件的工作状态。

6）使用顶尖装夹工件时，要检查中心孔是否合适，以防发生危险。

7）工件伸出车床 100mm 以外时，须在伸出位置设防护物，如图 1-3 所示。

图 1-3　在伸出位置设防护物

8）开机后，应遵循先回零，再手动、点动、自动的顺序。

9）手动回零时，机床各轴位置要距离原点−50mm以上，机床回零顺序为首先+X轴，其次+Z轴。

10）使用手轮或快速移动方式从参考点移动各轴位置时，一定要在看清机床X、Z轴各方向"+""−"号标牌后再移动。移动时，首先是−Z轴，其次是−X轴，可先缓慢转动手轮观察机床移动方向是否正确，确认无误后再加快移动速度。

11）机床运行应遵循先低速、中速，再高速的原则。其中，低速、中速运行时间不得少于2~3min，当确定无异常情况后，方能开始工作。

12）机床开始加工之前，必须采用程序校验方式检查所用程序是否与被加工工件相符，并且刀具应离开工件端面100mm以上。待确定无误后，方可关好机床安全防护门，启动机床进行加工。

学习环节三　　工作过程中的安全注意事项

1）禁止用手接触刀尖和切屑，切屑必须用铁钩子或毛刷来清理。

2）禁止用手或以其他任何方式接触正在旋转的主轴、工件或其他运动部位，如图1-4所示。

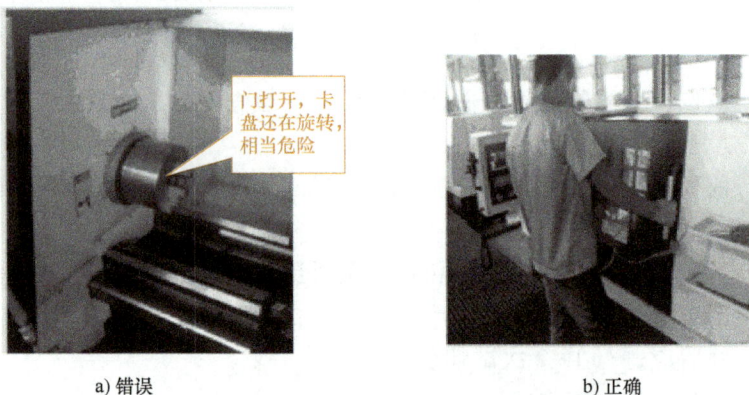

门打开，卡盘还在旋转，相当危险

a) 错误　　　　　　　　b) 正确

图1-4　不允许以任何方式接触正在旋转的主轴

3）装卸工件、调整工件、检测工件、紧固螺钉、更换刀具、清除切屑时都必须停机。

4）加工过程中不能用锉刀、棉丝等处理工件，也不能清扫机床，如图1-5所示。

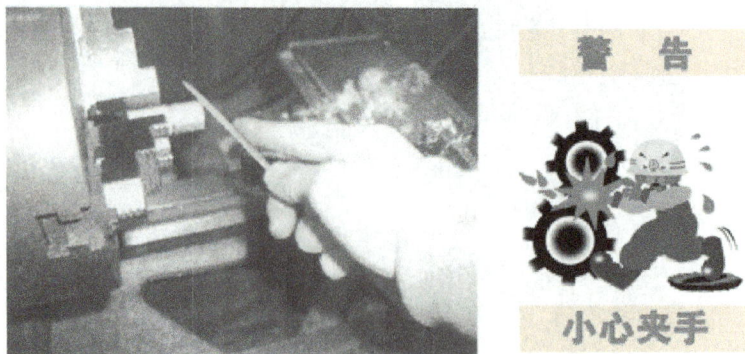

警告

小心夹手

图1-5　加工过程中不能用锉刀、棉丝等处理工件

5）车床运转过程中，操作者不得离开岗位。

6）在加工过程中，不允许打开车床防护门，以免工件、切屑、润滑油飞出，如图1-6所示。

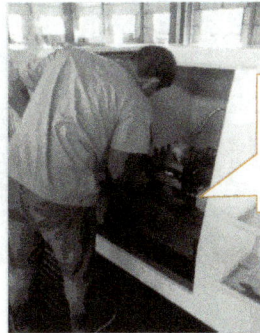

在加工过程中，不允许打开车床防护门

a) 正确　　　　　　　　　　　　　　　　b) 错误

图 1-6　加工过程中不允许打开车床防护门

7）经常检查轴承温度，温度过高时应报告指导教师。

8）学生必须在完全清楚操作步骤后再进行操作，遇到问题要立即询问指导教师，禁止在不知道规程的情况下进行尝试性操作。

9）发现车床运转不正常，有异声或异常现象时，要立即停车，并报告指导教师。

10）运行程序进行加工时的注意事项：

① 对刀应准确无误，刀具补偿号应与程序调用刀具号相符合。

② 车床各功能按键的位置要正确。

③ 光标要放在主程序头处。

④ 加注适量切削液。

⑤ 站立位置应合适，启动程序时，右手做好按下停止按钮的准备，程序运行时手不能离开停止按钮，如有紧急情况要立即按下停止按钮。

11）加工过程中要认真观察切削及冷却状况，确保车床、刀具的正常运行及工件的质量。

12）在主轴停转3min后方可关机。

学习环节四　工作完成后的基本要求

1）清除切屑、擦净车床，并在导轨面上加润滑油，然后将尾座移至床尾位置，切断车床电源。

2）打扫环境卫生，保持清洁状态。

3）注意检查或更换已磨损的车床导轨上的防护板。

4）检查润滑油、切削液的状态，及时添加或更换，如图1-7所示。

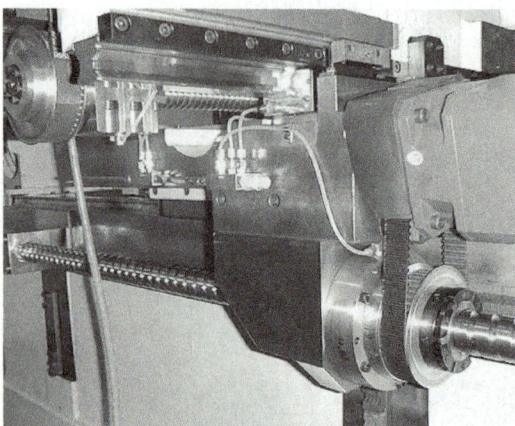

图 1-7　检查润滑油

学习环节五　维护保养

数控车床（图1-8）日常保养和定期保养的内容分别见表1-1和表1-2。

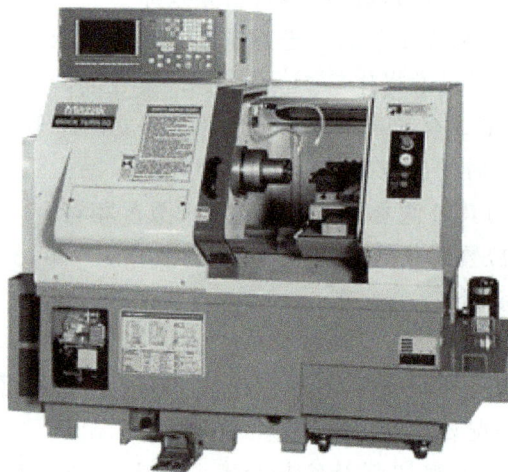

图 1-8　数控车床

表 1-1　数控车床日常保养

保养部位	内容和要求
外观部分	1）擦净车床表面，下班后，在所有的加工面上均涂抹防锈油 2）清除切屑 3）检查车床内外有无磕碰、拉伤现象
主轴部分	1）检查卡盘、夹具运转情况 2）检查主轴运转情况
润滑部分	1）检查各润滑油箱的油量 2）按规定对各手动加油点加油，并旋转过滤器

（续）

保养部位	内容和要求
尾座部分	1）每周一次移动尾座，清理底面、导轨 2）每周一次拿下顶尖清理锥孔
电气部分	1）检查三色灯、开关等 2）检查操纵板上各部分的位置
其他部分	1）检查润滑系统有无滴油、发热现象 2）检查切削液系统工作是否正常 3）将工件排列整齐 4）清理车床周围，保持清洁 5）认真填写交接班记录及其他记录

表 1-2　数控车床定期保养

保养部位	内容和要求
外观部分	清除各部件切屑、油垢，做到无死角，保持内外清洁、无锈蚀
液压部分及切削液箱	1）清洗过滤器 2）油管畅通、油窗明亮 3）液压站无油垢、灰尘 4）切削液箱内加 5~10mL 防腐剂（夏天 10mL，其他季节 5~6mL）
机床本体及清屑器	1）卸下并清洗刀架尾座的挡屑板 2）清理清屑器上的残余切屑，每 3~6 个月（根据工作量大小）卸下清屑器，清扫机床内部 3）清除回转刀架上的全部切屑
润滑部分	1）各润滑油管要畅通无阻 2）按规定对各润滑点加油，并检查油箱内有无沉淀物 3）试验自动加油器的可靠性 4）每月用纱布擦拭读带机各部位，至少每半年对各运转点润滑一次 5）每周检查一下过滤器是否干净，若较脏，必须洗净，清洗周期不能超过一个月
电气部分	1）每年检查一次电动机电刷（由维修电工负责），如果不符合要求，应立即更换 2）每年至少检查清理一次热交换器 3）擦拭电气柜内外部分，保证清洁、无油垢、无灰尘 4）各接触点良好，不漏电 5）各开关、按钮灵敏可靠

学习环节六　学习评价

根据现场表现、态度，以综合问答、练习的方式完成考核评价。

>> 拓展知识

常见安全标志如图 1-9 所示。

图 1-9 安全标志

练习与思考

一、选择题

1. 编程人员对数控车床的性能、规格，刀具系统，（　　　），工件的装夹等都应非常熟悉，这样才能正确编制数控加工程序。

A. 测量方法　　　　　B. 机床的操作　　　　　C. 切削规范

2. 生产的安全管理活动包括（　　　）。

A. 警示教育　　　　　B. 安全教育　　　　　C. 文明教育　　　　　D. 环保教育

3. 在数控车床日常保养中，需要对（　　　）进行不定期检查。

A. 各防护装置　　　　　B. 废油池　　　　　C. 切削液箱

4. 安全管理可以保证操作者在工作时的安全或提供便于工作的（　　　）。

A. 生产场地　　　　　B. 生产环境　　　　　C. 生产空间

5. 热继电器在控制电路中起的作用是（　　　）。

A. 短路保护　　　　　B. 过载保护　　　　　C. 失电压保护　　　　　D. 过电压保护

6. 在数控车床加工调试中遇到问题需要停机时，应先停止（　　　）。

A. 切削液　　　　　B. 主运动　　　　　C. 进给运动　　　　　D. 辅助运动

7. 数控车床电气柜的空气交换部件应（　　　）清除积尘，以免温升过高而引发故障。

A. 每日　　　　　B. 每周　　　　　C. 每季度　　　　　D. 每年

8. 当数控车床长期不用时，最重要的日常维护工作是（　　）。

A. 清洁　　　　　　　B. 干燥　　　　　　　C. 通电

9. 为保障人身安全，在正常情况下，电气设备的安全电压规定为（　　）。

A. 42V　　　　　　　B. 36V　　　　　　　C. 24V　　　　　　　D. 12V

10. 要做好数控车床的维护与保养工作，必须（　　）清除导轨副和防护装置上的切屑。

A. 每小时　　　　　　B. 每周　　　　　　　C. 每天

二、判断题

1. 安全管理是综合考虑"物"的生产管理功能和"人"的管理，目的是生产更好的产品。　　　　　　　　　　　　　　　　　　　　　　　　　　　（　　）

2. 在炎热的夏季，车间温度高达35℃以上，因此要将数控柜的门打开，以通风散热。　　　　　　　　　　　　　　　　　　　　　　　　　　　（　　）

3. 不同的数控车床可以选用不同的数控系统，但数控加工程序指令都是相同的。　　　　　　　　　　　　　　　　　　　　　　　　　　　　　　（　　）

4. 当数控车床失去对机床参考点的记忆时，必须进行返回参考点的操作。　（　　）

三、简答题

1. 简述数控车床的安全操作规程。

2. 数控车床的维护保养要点有哪些？

3. 在哪些情况下需要急停数控车床？

4. 对数控车床进行维护保养的目的是什么？

建议同学们：打开"央视网"观看。

数控能手的"三多"秘诀——黄维祥

项目二 数控车床的认知

工作任务描述

认识数控车床的类型、组成、坐标系、操作面板、技术参数等，了解工件及刀具的安装、使用方法。

学习目标

1）熟悉 CK6140 数控车床的类型、组成及布局特点。

2）能在教师指导下，进行 CK6140 数控车床的坐标方向判定及回零操作。

3）理解 CK6140 数控车床操作面板的功能。

4）理解 CK6140 数控车床的主要技术参数。

5）理解 CK6140 数控车床的传动系统。

6）能正确安装工件及刀具。

学习环节一　CK6140 数控车床的类型、组成及布局特点

1. CK6140 数控车床的类型

按主轴位置分类，CK6140 数控车床属于卧式数控车床；按可控轴数分类，CK6140 数控车床属于两轴联动（X、Z 轴）数控车床；按控制系统功能分类，CK6140 数控车床属于经济型数控车床。

2. CK6140 数控车床的组成

CK6140 数控车床由数控装置、床身、主轴箱、进给传动系统、尾座、液压系统、冷却系统、润滑系统等部分组成。

3. CK6140 数控车床的布局特点

（1）床身和导轨的布局　CK6140 数控车床属于平床身、平导轨数控车床，它的工艺性好，便于导轨面的加工。由于刀架水平放置，因此，刀架的运动精度高。但是，水平床身由

于下部空间小，故排屑困难。从结构尺寸上看，刀架水平放置使滑板横向尺寸较大，从而加大了机床宽度方向的结构尺寸。

（2）刀架的布局　CK6140 数控车床采用的是前置电动四方回转刀架，回转轴垂直于主轴，可用于加工轴类和盘类零件，可自动换刀，但刀位较少。

学习环节二　CK6140 数控车床的坐标系及操作面板功能

学生分组，由教师引导到现场，练习 CK6140 数控车床坐标方向的判定及回零操作。

一、CK6140 数控车床的坐标系

CK6140 数控车床的坐标系如图 2-1 所示。Z 轴与主轴轴线重合，沿着 Z 轴正方向移动，将增大零件和刀具间的距离，即刀具离开工件的方向为正；X 轴垂直于 Z 轴，对应于转塔刀架的径向移动，沿着 X 轴正方向移动，将增大零件和刀具间的距离，因此，面对刀具主轴向立柱方向看，向右为正；Y 轴（通常是虚设的）与 X 轴和 Z 轴一起构成遵循右手定则的坐标系统。

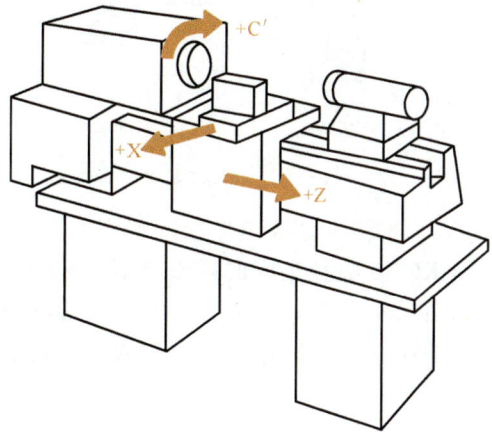

图 2-1　CK6140 数控车床的坐标系

二、CK6140 数控车床操作面板功能

1. CK6140 数控车床的数控系统

CK6140 数控车床采用 FANUC Series 0i Mate-TD 数控系统，其配置如图 2-2 所示。

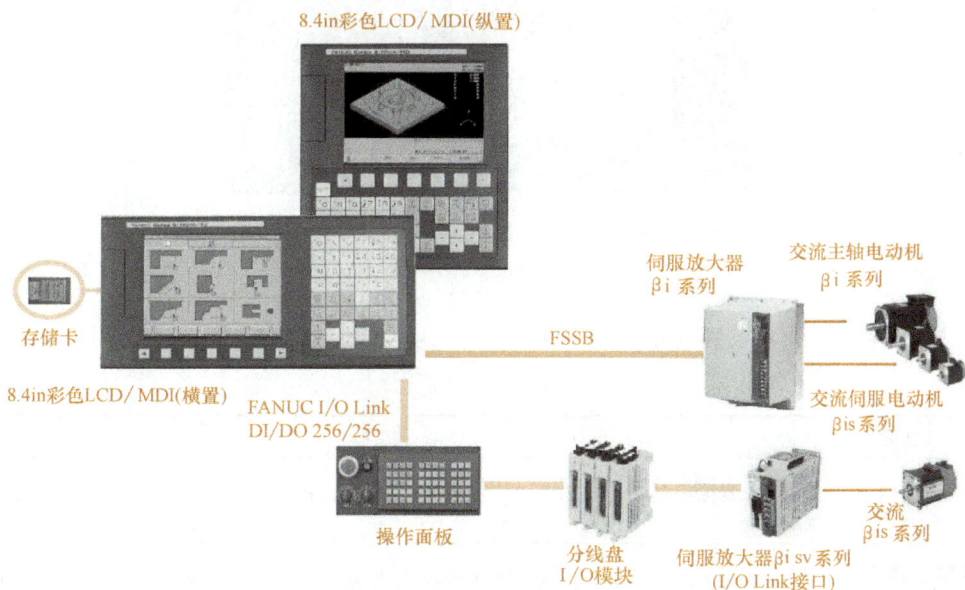

图 2-2　FANUC Series 0i Mate-TD 数控系统的配置

FANUC 0i Mate 数控系统具有以下特点：

1）可靠性高、性能价格比高，适用于简单的铣床和车床。加工中心用 CNC（计算机数控）为 FANUC Series 0i Mate-MD，数控车床用 CNC 为 FANUC Series 0i Mate-TD。最大控制轴数，0i Mate-MD 为 4 轴，0i Mate-TD 为 3 轴；同时控制轴数为 3 轴，最大主轴数为 1 轴。可使用伺服为 βi 系列，可使用 LCD 单元为 8.4in（1in＝0.0254m）彩色。

2）提供用于两路径车床的丰富功能，如同步/混合控制、路径间干涉检查等。其中混合控制是指可在路径间的各轴之间互换移动指令，如图 2-3 所示。路径间干涉检查是指如果由于编程错误或其他设定错误而使两个刀架互相干涉，则在刀架接触之前使其停止，如图 2-4 所示。

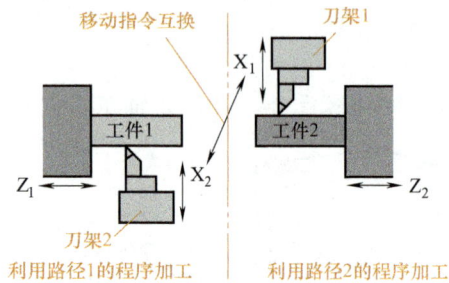

图 2-3　混合控制

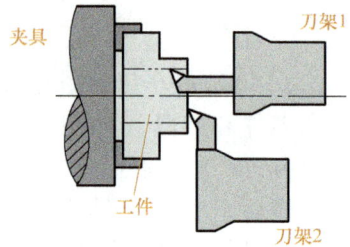

图 2-4　路径间干涉检查

2. CK6140 数控车床的操作面板

CK6140 数控车床的操作面板主要由数控系统操作面板和机床操作面板组成。

（1）数控系统操作面板　如图 2-5 所示，数控系统操作面板由 CRT 界面（屏幕显示区）、MDI（手动数据输入）键盘和功能软键组成。

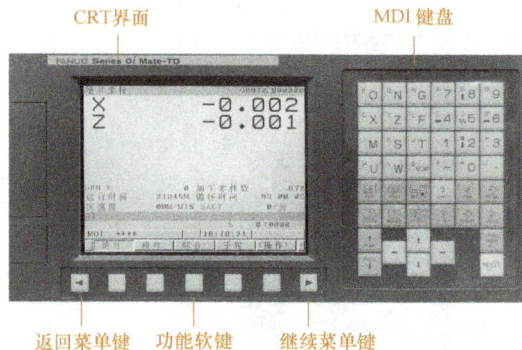

图 2-5　数控系统操作面板

1）MDI 键盘。MDI 按键功能见表 2-1。

表 2-1　MDI 按键功能

MDI 软键	功　　能
	软键 实现左侧 CRT 显示内容的向上翻页，软键 实现左侧 CRT 显示内容的向下翻页
	移动 CRT 中的光标位置。软键 实现光标的向上移动，软键 实现光标的向下移动，软键 实现光标的向左移动，软键 实现光标的向右移动

(续)

MDI 软键	功　能
	实现字符的输入，单击软键 后再单击字符键，将输入右下角的字符。例如，单击 将在 CRT 光标所处位置处输入"O"字符，单击软键 后再单击 将在光标所处位置处输入"P"字符；软键 中的"EOB"将输入"；"表示换行结束
	实现字符的输入，例如，单击软键 将在光标所在位置处输入"5"字符，单击软键 后再单击 将在光标所在位置处输入"]"
	在 CRT 中显示坐标值
	CRT 将进入程序编辑和显示界面
	CRT 将进入参数补偿显示界面
	显示系统屏幕
	显示信息屏幕
	在自动运行状态下将数控显示切换至轨迹模式
	输入字符切换键
	删除单个字符
	将数据域中的数据输入到指定区域
	字符替换
	将输入域中的内容输入到指定区域
	删除一段字符
	当对 MDI 键的操作不明白时，按下此键可以获得帮助（帮助功能）
	机床复位

2）CRT 界面。

① 坐标位置界面。按 键进入坐标位置界面，再按菜单软键〔绝对〕、菜单软键〔相对〕或菜单软键〔综合〕，CRT 界面上将对应出现绝对坐标界面（图 2-6a）、相对坐标界面（图 2-6b）和综合坐标界面（图 2-6c）。

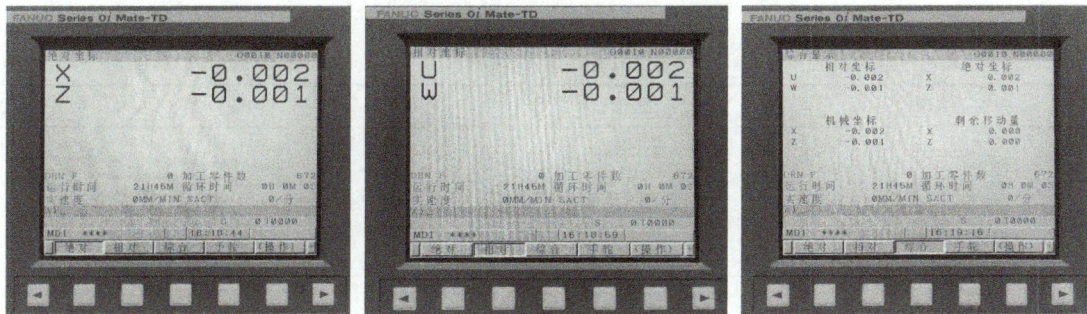

a) 绝对坐标界面　　　　b) 相对坐标界面　　　　c) 综合坐标界面

图 2-6　坐标位置界面

② 程序管理界面。按 ▦ 键进入程序管理界面，如图 2-7 所示。

③ 参数设置界面。在 MDI 键盘上按 ▦ 键，进入参数设置界面，如图 2-8 所示。

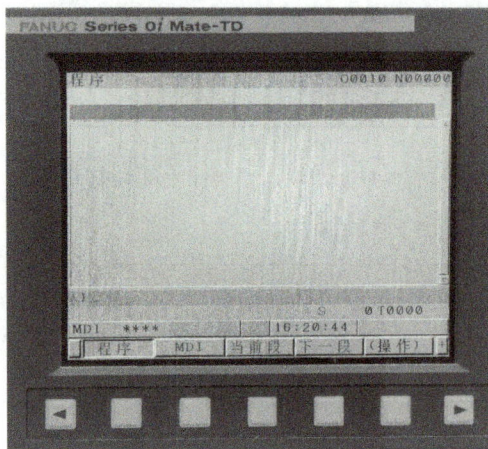

图 2-7　程序管理界面

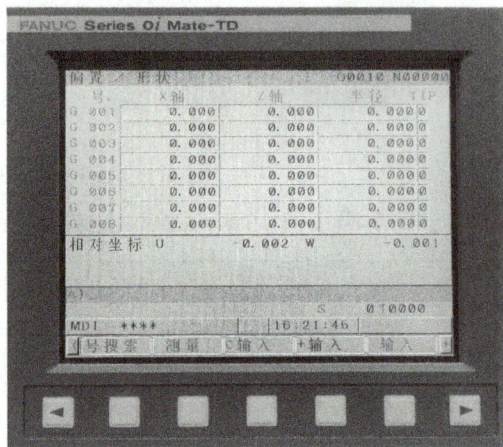

图 2-8　参数设置界面

（2）机床操作面板　机床操作面板的开关功能、开关形式及其排列与具体的数控车床型号和生产厂家有关。沈阳机床厂生产的 FANUC Series 0i Mate-TD 数控车床的机床操作面板如图 2-9 所示，其开关功能说明见表 2-2。

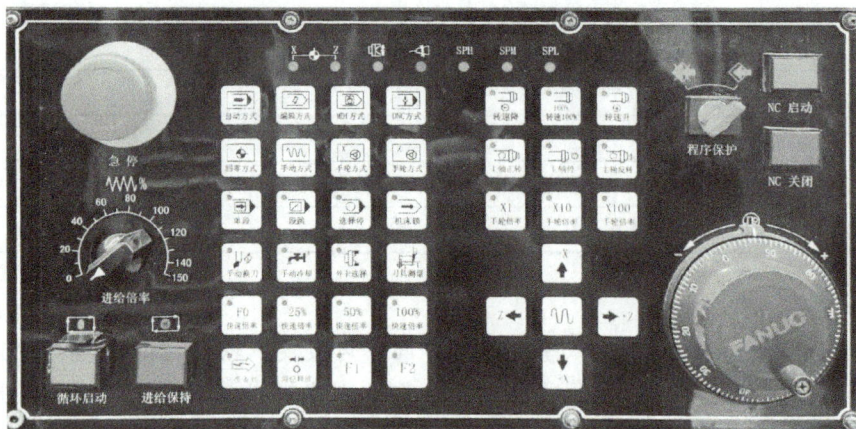

图 2-9　数控车床的机床操作面板

表 2-2　开关功能说明

按钮或旋钮	名称	功能说明
NC 启动	"NC 启动"按钮	启动数控系统
NC 关闭	"NC 关闭"按钮	关闭数控系统

（续）

按钮或旋钮	名称	功能说明
循环启动	"循环启动"按钮	程序运行开始。系统处于"自动运行"或"MDI"位置时按下有效,其余模式下按下无效
进给保持	"进给保持"按钮	程序运行暂停。在程序运行过程中按下此按钮,运行暂停;再按"循环启动"按钮后恢复运行
急停	"急停"按钮	按下此按钮,可使机床和数控系统紧急停止,按钮释放后需要重新执行回零操作
自动方式	"自动方式"按钮	用于自动运行数控程序
进给倍率	"进给倍率"旋钮	调节主轴运行时的进给速度倍率,调节范围 0~150%
编辑方式	"编辑方式"按钮	用于编辑和修改数控程序
MDI方式	"MDI方式"按钮	用于编辑 MDI 程序或手动输入数据
DNC方式	"DNC方式"按钮	用于传输数控程序实现在线自动加工
回零方式	"回零方式"按钮	按下此键,配合坐标轴及移动方向,可完成回零操作
手动方式	"手动方式"按钮	手动连续移动主轴箱和工作台
手动移动各轴按钮	"手动移动各轴"按钮	手动移动 X 轴、Z 轴,若按下 按钮,再选择移动坐标轴,各轴将快速移动

（续）

按钮或旋钮	名称	功能说明
F0 25% 50% 100% 快速倍率 快速倍率 快速倍率 快速倍率	"手动倍率"按钮	在手动模式下用来调节移动步长，F0、25%、50%、100% 分 别 代 表 0.001mm、0.01mm、0.1mm、1mm
X Z 手轮方式 手轮方式	"手轮方式"按钮	使用手轮模式移动主轴箱和工作台
FANUC	手轮	转动手轮移动
×1 ×10 ×100 手轮倍率 手轮倍率 手轮倍率	"手轮倍率"按钮	在手轮模式下用来调节移动步长，×1、×10、×100 分别代表 0.001mm、0.01mm、0.1mm
单段	"单段"按钮	按下此按钮，灯亮，程序执行一个程序段即停止
段跳	"段跳"按钮	按下此按钮，灯亮，开头有"/"符号的程序段被跳过不执行
机床锁	"机床锁"按钮	按下此按钮，灯亮，机床 M、S、功能有效，但机床各轴被锁住
手动换刀	"手动换刀"按钮	在手动/手轮模式下，按下此按钮，可转动刀架一次；长按此按钮，可连续转动刀架
手动冷却	"手动冷却"按钮	在手动/手轮模式下，按下此按钮，灯亮，切削液启动
主轴正转 主轴停 主轴反转	"主轴"按钮	在手动/手轮模式下，分别按"主轴正转""主轴停""主轴反转"按钮，则分别执行主轴正转、主轴停、主轴反转

3. 数控车床基本操作

（1）**激活车床**　按"NC 启动"按钮，此时车床电动机和伺服控制指示灯变亮，系统开机。检查"急停"按钮是否松开，若未松开，应将其松开。

（2）**手动操作方式**

1）车床回参考点。

2）手动/连续方式。按下控制面板上的"手动方式"按钮，车床进入手动模式。分别按下"−X""+X""+Z""−Z"按钮，控制刀架的移动方向。按进给方向按钮开始连续移动，松开按钮则停止移动。按下"快速倍率"按钮，进入手动快速移动状态。

3）手动脉冲方式。按下控制面板上的"手轮方式"按钮，车床进入手动脉冲模式；分别按下 ⬚ ⬚ 按钮，选择相应的坐标轴；按下"手轮倍率"按钮，选择合适的脉冲当量；摇动手轮，精确控制车床的移动。

（3）**自动加工方式**

1）自动/连续方式。自动/连续加工流程如下：

① 检查车床是否回参考点，若未回，应先将车床回参考点。

② 输入一段程序或打开车床内的现有程序。

③ 按下控制面板上的"自动方式"按钮，系统进入自动运行模式。

④ 在数控程序运行过程中，可根据需要进行暂停、急停和重新运行等操作。在数控程序运行时按下"进给保持"按钮，程序停止执行；再按下"循环启动"按钮，程序从暂停位置开始执行。在数控程序运行时按下"急停"按钮，数控程序中断运行；继续运行时，先将"急停"按钮松开，再按"循环启动"按钮，余下的数控程序从中断行开始作为一个独立的程序执行。

2）自动/单段方式。自动/单段加工流程如下：

① 检查车床是否回参考点，若未回，应先将车床回参考点。

② 输入一段程序或打开车床内的现有程序。

③ 按下控制面板上的"自动"按钮，系统进入自动运行模式。

④ 按下操作面板上的"单段"按钮 ⬚ 。

⑤ 按下"循环启动"按钮，程序开始执行。

⑥ 在此方式下，执行每一行程序均需按一次"循环启动"按钮。

4. 数控程序管理

（1）**显示数控程序目录**　按下控制面板上的 ⬚ 按钮，进入编辑状态。按 MDI 键盘上的 ⬚ 键，CRT 界面转入编辑界面。按菜单软键 ［+］，数控车床现有的数控程序名列表显示在 CRT 界面上，如图 2-10 所示。

（2）**选择一个数控程序**　按 MDI 键盘上的 ⬚ 键，CRT 界面转入编辑界面。利用 MDI 键盘输入"Ox"（x 为数控程序目录中显示的程序号），按 ⬚ 键开始搜索，搜索到后"Ox"显示在屏幕首行程序号位置，数控程序将显示在屏幕上。

（3）**删除一个数控程序**　CRT 界面进入编辑状态，利用 MDI 键盘输入"Ox"（x 为要

删除的数控程序在目录中显示的程序号），按
键，程序即被删除。

（4）新建一个数控程序 CRT界面进入编
辑状态，利用MDI键盘输入"Ox"（x为程序
号，但不能与已有程序号重复），按 键，
CRT界面上将显示一个空程序，通过MDI键盘
输入程序即可。

（5）删除全部数控程序 CRT界面进入编
辑状态，利用MDI键盘输入"0—9999"，按
键，全部数控程序均被删除。

5. 数控程序编辑

1）使用 ⬆ ⬆ ↑ ↓ → ← 键移动光标。

2）使用 INSERT 键插入字符。

3）使用 CAN 键删除输入域中的数据。

4）使用 DELETE 键删除字符。

5）使用 ↓ 键查找。

6）使用 ALTER 键替换。

6. MDI模式运行

MDI（Manual Data Input）即手动数据输入。该功能允许手动输入一个命令或几个程序
段，按下"循环启动"按钮，则立即运行。其操作步骤如下：

1）按下控制面板上"MDI方式"按钮，进入MDI模式运行状态。

2）按 键，运行界面如图2-11所示。

3）编辑程序，编辑方法与上述程序编辑方法相同。

4）按下"循环启动"按钮，即开始执行程序，此后程序自动消失（即暂时复位）。

7. 数控车床刀具补偿参数

1）设定磨损量补偿参数，如图2-12所示。

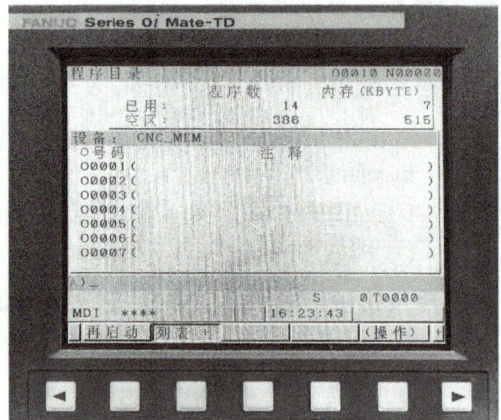

图2-10　数控程序目录界面

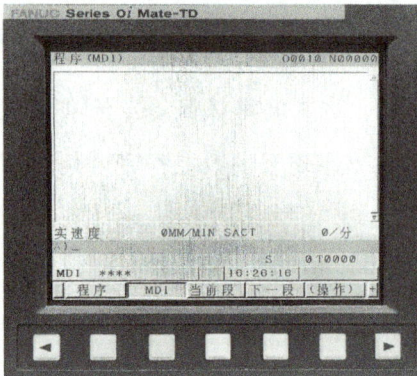

图2-11　MDI模式运行界面

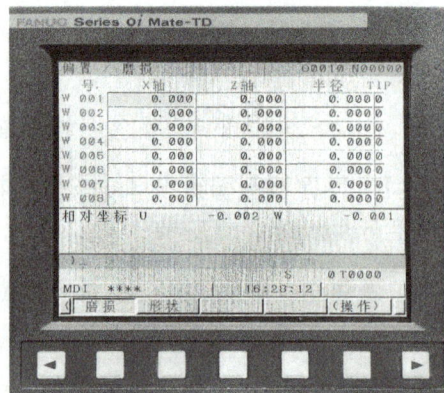

图2-12　设定磨损量补偿参数界面

2）设定形状补偿参数，如图 2-13 所示。

3）输入刀尖圆弧半径和刀位号，如图 2-14 所示。

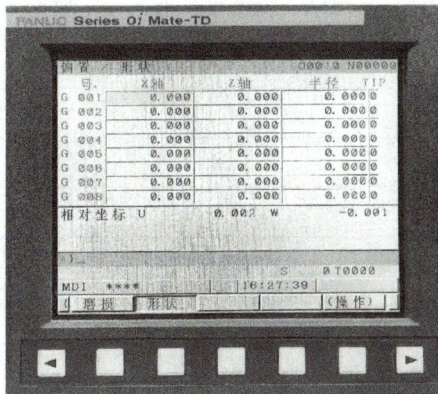

图 2-13　设定形状补偿参数界面

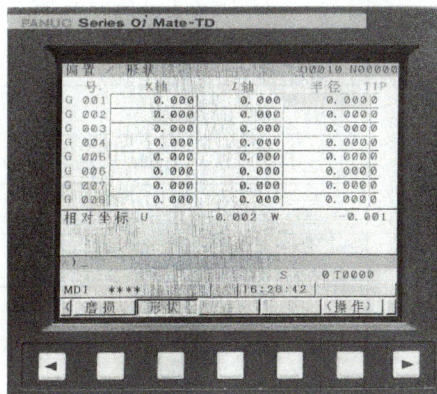

图 2-14　输入刀尖圆弧半径和刀位号界面

学习环节三　CK6140 数控车床的技术参数

学生在现场观看、学习 CK6140 数控车床的技术参数，见表 2-3。

表 2-3　CK6140 数控车床的技术参数

项目	内容	单位	规格参数
能力	床身上最大工件回转直径	mm	$\phi400$
	滑板上最大工件回转直径	mm	$\phi196$
	最大工件车削直径	mm	$\phi220$
	车床顶尖距	mm	750
主轴	主轴转速范围	r/min	75~2000
	主轴电动机	—	变频调速
	主轴头/主轴通孔直径	mm	A2-6/$\phi52$
	主轴孔锥度	—	莫氏 6 号
	主轴电动机功率	kW	5.5
	主轴最大输出转矩	N·m	44
	卡盘规格	mm	手动自定心 $\phi200$
进给	X、Z轴快速移动速度	mm/min	X:8;Z:10
	X、Z轴进给电动机转矩	N·m	X:4;Z:4
	驱动单元	—	HSV-16 全数字交流伺服
	驱动电动机	—	交流伺服电动机
	定位精度	mm	X:0.03;Z:0.04
	重复定位精度	mm	X:0.012;Z:0.016
	最大行程	mm	X:200;Z:640

（续）

项目	内容	单位	规格参数
刀架	刀架形式	—	电动四方、前置
	车刀规格	mm	20
尾座	尾座形式	—	手动
	套筒直径/行程	mm	$\phi60/95$
	套筒内孔锥度	—	莫氏 4 号
其他	车床占地面积（长×宽）	mm^2	2395×1253
	车床净重	kg	1600
	数控系统		FANUC Series 0i Mate-TD

学习环节四　CK6140 数控车床的主传动系统

学生分组，由教师引导到现场，熟悉 CK6140 数控车床的主传动系统。

1. 主传动系统的作用

主传动系统（图 2-15）的作用是将电动机的转矩或功率传递给主轴部件，使安装在主轴上的工件或刀具实现主切削运动。

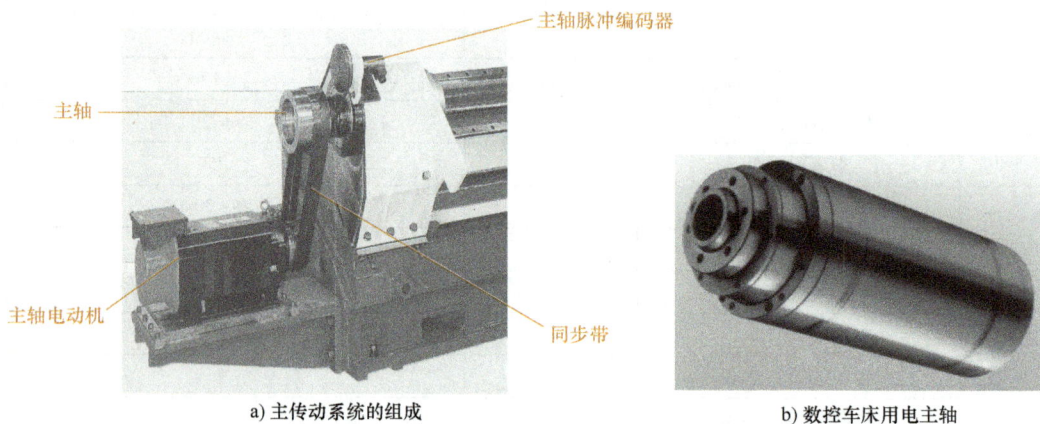

a) 主传动系统的组成　　　　　　　b) 数控车床用电主轴

图 2-15　数控车床的主传动系统

主轴是指带动刀具和工件旋转、产生切削运动且消耗功率最大的运动轴。

2. 主传动系统的组成

主传动系统是由主轴电动机、传动系统和主轴部件等组成的。

3. 对主传动系统的要求

1）足够的转速范围。

2）足够的功率和转矩。

3）各零部件应具有足够的精度、强度、刚度和抗振性。

4）噪声低、运行平稳。

学习环节五　CK6140 数控车床的进给传动系统

学生分组，由教师引导到现场，熟悉 CK6140 数控车床的进给传动系统。

1. 进给传动系统的作用

数控车床的进给传动系统负责接收数控系统发出的脉冲指令，并经放大和转换后驱动车床运动执行件实现预期的运动。其重要组成部分为滚珠丝杠螺母副和滑动导轨，如图 2-16 所示。

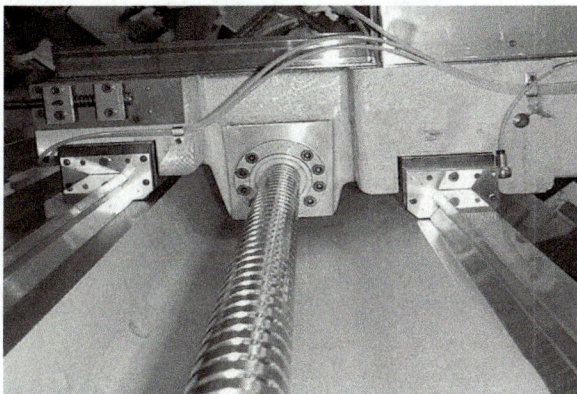

2. 对进给传动系统的要求

为保证数控车床具有高的加工精度，要求其进给传动系统的传动精度高、灵敏度高（响应速度快）、工作稳定、构件刚度高且使用寿命长、摩擦及运动惯量小，并能清除传动间隙。

3. 进给传动系统分类

（1）步进伺服电动机伺服进给系统　一般用于经济型数控车床。

图 2-16　滚珠丝杠螺母副和滑动导轨

（2）直流伺服电动机伺服进给系统　功率稳定，但因采用电刷，其磨损导致在使用中需要进行更换，一般用于中档数控车床。

（3）交流伺服电动机伺服进给系统　应用普遍，主要用于中高档数控车床。

（4）直线电动机伺服进给系统　无中间传动链、精度高、进给速度快、无长度限制；但散热差，防护要求特别高，主要用于高速车床。

学习环节六　CK6140 数控车床的换刀装置

学生分组，由教师引导到现场，熟悉 CK6140 数控车床的换刀装置。

1. 自动换刀装置的作用

自动换刀装置的作用是减少数控车床加工的辅助时间，并可满足在一次安装中完成多工序、工步加工的要求。

2. 对自动换刀装置的要求

数控车床对自动换刀装置的要求：换刀迅速、时间短，重复定位精度高，刀具储存量足够，所占空间位置小，工作稳定可靠。

3. 换刀形式

数控车床所用回转刀架的结构类似于普通车床上的回转刀架，根据加工对象不同，可设计成四方或六角形式，由数控系统发出指令进行回转换刀。四方刀架和多刀位刀架如图 2-17 所示。

 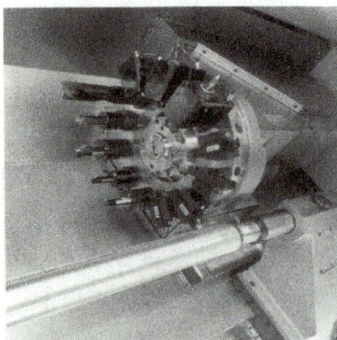

a) 四方刀架　　　　　　　　　　b) 多刀位刀架

图 2-17　四方刀架和多刀位刀架

学习环节七　学习评价

根据现场表现、态度，以综合问答、练习的方式完成考核评价。

练习与思考

一、选择题

1. 在 MDI 键盘上的功能键中，"CAN" 键的作用是 （　　　）。

A. 删除单个字符　　　　B. 插入字符　　　　　　C. 替换字符

2. 在 MDI 键盘上的功能键中，显示数控车床现在位置的键是 "（　　　）"。

A. POS　　　　　　　B. PROG　　　　　　　　C. OFFSET

3. 按主轴位置分，CK6140 数控车床属于 （　　　） 数控车床。

A. 卧式　　　　　　　B. 两轴（X，Z轴）联动　　C. 经济型

4. CK6140 数控车床属于平床身、平导轨数控车床，它的优点有 （　　　）。

A. 工艺性好，便于导轨面的加工

B. 由于刀架水平布置，因此刀架运行精度高

C. 水平床身由于下部空间小，故排屑困难

D. 刀架水平放置，从而加大了数控车床宽度方向的结构尺寸

5. 对主传动系统的要求是 （　　　）。

A. 足够大的转速范围

B. 足够的功率和转矩

C. 各零部件应具有足够的精度、强度、刚度和抗振性

D. 噪声低、运行平稳

6. 为保证数控车床具有高的加工精度，要求其进给传动系统 （　　　）。

A. 有高的传动精度　　　　　　　　　　B. 有高的灵敏度（响应速度快）

C. 工作稳定　　　　　　　　　　　　　D. 有高的构件刚度及使用寿命

E. 摩擦及运动惯量小，并能消除传动间隙

7. 一般用于经济型数控车床的是（　　　）伺服进给系统。

A. 步进伺服电动机　　　　　　　　B. 直流伺服电动机

C. 交流伺服电动机　　　　　　　　D. 直线电动机

8. 数控车床对自动换刀装置的要求是（　　　）。

A. 换刀迅速、时间短　　　　　　　B. 重复定位精度高

C. 刀具储存量足够　　　　　　　　D. 所占空间位置小

E. 工作稳定可靠

二、判断题

1. 数控车床的坐标系采用右手笛卡儿坐标，在确定具体坐标时，先定 X 轴，再根据右手定则定 Z 轴。　　　　　　　　　　　　　　　　　　　　　　　　　　（　　　）

2. 刀具远离工件的运动方向为坐标的正方向。　　　　　　　　　　　（　　　）

3. 数控车床坐标轴一般采用右手定则来确定。　　　　　　　　　　　（　　　）

4. 数控车床既可以自动加工，也可以手动加工。　　　　　　　　　　（　　　）

5. CK6140 数控车床由数控装置、床身、主轴箱、进给传动系统、尾座、液压系统、冷却系统、润滑系统等组成。　　　　　　　　　　　　　　　　　　　　　（　　　）

6. CK6140 数控车床开机后可以直接加工。　　　　　　　　　　　　（　　　）

7. 主传动系统的作用将电动机的转矩或功率传递给主轴部件，使安装在主轴上的工件或刀具实现主切削运动。　　　　　　　　　　　　　　　　　　　　　（　　　）

8. 主轴是指带动刀具和工件旋转、产生切削运动且消耗功率最大的运动轴。（　　　）

9. 数控车床的进给传动系统负责接收数控系统发出的脉冲指令，并经放大和转换后驱动车床运动执行件实现预期的运动。　　　　　　　　　　　　　　　　（　　　）

10. 自动换刀装置可帮助数控车床节省辅助时间，并可满足在一次安装中完成多工序、工步加工的要求。　　　　　　　　　　　　　　　　　　　　　　　（　　　）

11. CK6140 数控车床回转刀架换刀结构类似于普通车床上的回转刀架，根据加工对象不同，可设计成四方或六角形式，由数控系统发出指令进行回转换刀。　　（　　　）

三、简答题

1. 在数控车床中，如何辨别 X、Y、Z 轴？

2. 简述 CK6140 数控车床的刀架布局。

3. 在 CK6140 数控车床上加工一个零件时，正常的操作顺序是什么？

项目三 数控编程及车削样件加工

工作任务描述

1. 零件类型描述

本任务加工的零件（图3-1）包含圆柱、螺纹等结构，是数控车削加工中难度较高的一类零件。

2. 任务内容描述

毛坯材料为45钢，毛坯尺寸为 $\phi45mm \times 100mm$，棒料。学习制订零件加工工艺方案，编写零件加工程序，并在仿真软件中进行虚拟加工的方法。学习使用数控车床加工零件的方法，以及对加工后的零件进行检测、评价的方法。

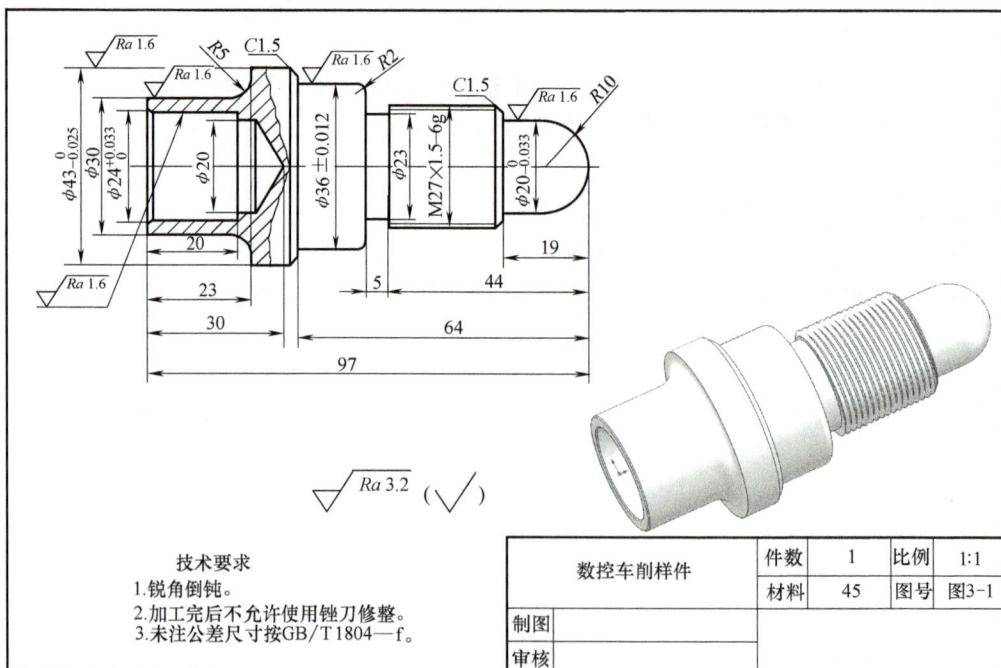

技术要求

1. 锐角倒钝。
2. 加工完后不允许使用锉刀修整。
3. 未注公差尺寸按GB/T 1804—f。

数控车削样件		件数	1	比例	1:1
		材料	45	图号	图3-1
制图					
审核					

图 3-1 数控车削样件

学习目标

1) 熟悉轴类零件加工工艺方案的制订方法。
2) 熟悉数控车削加工的基本编程方法，以及在仿真软件中进行虚拟加工的方法。
3) 能将零件正确地装夹在自定心卡盘上。
4) 掌握外圆车刀、切槽刀、螺纹车刀、内孔镗刀的安装方法。
5) 掌握数控车床对刀操作的基本方法。
6) 能按操作规范合理使用 CK6140 数控车床。
7) 熟悉用游标卡尺、千分尺、螺纹环规等检测零件的方法。
8) 能够对零件进行评价并分析超差原因。

学习环节一　制订工艺方案

1. 分析零件图工艺信息

教师布置工作任务、学生提出问题、教师解答，学生填写零件图工艺信息分析卡片，见表 3-1。

表 3-1　零件图工艺信息分析卡片

班级			姓名	学号	成绩
零件图号	图 3-1	零件名称	数控车削样件	材料牌号	45
分析内容		分析理由			
形状、尺寸大小		该零件的加工面有内孔表面、圆弧面、外圆柱面、倒角面、台阶面、退刀槽、螺纹等。其外形简单、形状规则，是典型的轴类零件。可选择现有设备 CK6140 数控车床进行加工，刀具选择 4~5 把外圆车刀即可。加工顺序：粗车外表面→精车外表面→切槽→车螺纹→掉头、钻孔→粗车外表面→精车外表面→粗车内表面→精车内表面			
结构工艺性		该零件的结构工艺性好，加工完一侧后便于掉头装夹加工；形状规则，可选用标准刀具进行加工			
几何要素、尺寸标注		该零件轮廓几何要素定义完整，尺寸标注符合数控加工要求，有统一的设计基准，且便于加工、测量			
尺寸精度、表面粗糙度		外圆 $\phi20_{-0.033}^{0}$、($\phi36\pm0.012$) mm、$\phi24_{0}^{+0.033}$、$\phi43_{-0.025}^{0}$ mm 有尺寸精度要求，标准公差等级为 IT7~IT8；另外，零件掉头后需要保证总长度。表面粗糙度值最小为 $Ra1.6\mu m$。精度和表面质量要求较高，应采用先粗车后精车的加工方案			
材料及热处理		零件所用材料为 45 钢，经正火、调质、淬火后具有一定的强度、韧性和耐磨性。正火后硬度为 170~230HBW，调质后硬度为 220~250HBW。45 钢属易切削金属，对刀具材料无特殊要求。因此，选硬质合金或涂层刀具材料均可，加工时不宜选择过大的切削用量，切削过程中可根据加工条件加注切削液			
其他技术要求		要求锐角倒钝，故编程时在锐角处安排 $C0.3$ 倒角			
生产类型、定位基准		生产类型为单件生产，因此，要按单件小批生产类型制订工艺规程，定位基准可选择外圆表面			

※问题记录：

_____

_____

2. 确定加工工艺

小组讨论并填写加工工艺卡片，见表3-2。

表3-2 加工工艺卡片

班级		姓名		学号		成绩	
		零件图号			零件名称	使用设备	场地
		图3-1			数控车削样件	CK6140数控车床	数控加工实训中心
程序号	O0030 O0031	材料			45钢	数控系统	FANUC Series 0i Mate-TD
工步号	工步内容	确定理由		量具选用			备注
				名称	量程/mm		
1	车端面	车平端面,建立长度基准,保证工件长度要求。车削完的端面在后续加工中不需要再加工		0.02mm 游标卡尺	0~150		手动
2	粗车各外圆表面	在较短时间内去除毛坯大部分余量,满足精车余量均匀性要求		外径千分尺	0~25、25~50		自动
3	精车各外圆表面	保证加工精度,按图样尺寸,一刀连续加工出零件轮廓		外径千分尺	0~25、25~50		自动
4	切槽	遵循先主后次的原则,先加工出主要外圆表面。另外,在加工螺纹前,应先加工出退刀槽		0.02mm 游标卡尺	0~150		自动
5	车螺纹	先加工出螺纹光轴和退刀槽,再加工螺纹		螺纹环规	M27×1.5		自动
6	车端面	车平端面,建立长度基准,保证工件总长度要求。车削完的端面在后续加工中不需要再加工		0.02mm 游标卡尺	0~150		手动
7	钻孔	这是在实体材料上加工孔的唯一方法。先进行孔的粗加工		0.02mm 游标卡尺	0~150		手动
8	粗车外圆表面	遵循内外交叉的原则,钻完孔后安排外圆表面的加工		外径千分尺	25~50		自动
9	精车外圆表面	保证加工精度,按图样尺寸,一刀连续加工出零件轮廓		外径千分尺	25~50		自动
10	粗车内孔表面	遵循内外交叉的原则,外圆表面加工后安排内孔表面的加工		内径千分尺	0~25		自动
11	精车内孔表面	保证加工精度,按图样尺寸,一刀连续加工出零件轮廓		内径千分尺	0~25		自动

※小组讨论：

_____

_____

3. 选择刀具

教师提出问题，学生查阅资料，学习填写刀具卡片的方法。

数控车床一般均使用机夹可转位车刀，因此只需选择刀片。本零件材料为45钢，外形规则，对刀片材料及形状无特殊要求，刀片均选用常用的涂层硬质合金刀片。机夹可转位车刀所使用的刀片为标准角度。外圆表面加工选择数控车床常用菱形刀片，刀尖角选择 80°，主偏角为 93°，刀尖圆弧半径为 0.4mm。粗、精加工外圆表面使用一把刀具即可满足所加工零件的精度要求。切槽刀选择宽度为 3.5mm 的刀片。螺纹车刀选择 60°螺纹刀片，可加工导程为 1.5mm 的螺纹。钻孔刀具大多采用普通麻花钻，该零件为 45 钢实体材料，可选择直径为 20mm 的高速工具钢麻花钻一次钻成。镗刀应尽量选择粗刀柄，以增加车削刚度。另外，为了解决排屑问题，一般采用正刃倾角内孔车刀。本例中的孔为不通孔，宜选择主偏角不小于 90°的刀片，故可选 95°内孔镗刀，刀尖圆弧半径为 0.4mm。孔的粗、精加工使用一把刀具即可满足要求。刀具卡片见表 3-3。

表 3-3　刀具卡片

班级			姓名		学号		成绩
			零件图号	图 3-1	零件名称		数控车削样件
工步号	刀具号	刀具名称	刀具参数			刀片材料	偏置号	刀柄型号 /(mm×mm)
			刀尖圆弧半径/mm	刀尖方位	刀片型号			
7		φ20mm 麻花钻				HSS		
8	T01	93°外圆车刀	0.4	3	CNMG120404-DM	涂层硬质合金	05	PCLNR2020K12（20×20）
9	T01	93°外圆车刀	0.4	3	CNMG120404-DM	涂层硬质合金	05	PCLNR2020K12（20×20）
10	T04	95°内孔镗刀	0.4	2	CNMG060304-WF	涂层硬质合金	04	S20R-SCLCR06S20（20×20）
11	T04	95°内孔镗刀	0.4	2	CNMG060304-WF	涂层硬质合金	04	S20R-SCLCR06S20（20×20）

※问题记录：
_____
_____
_____

4. 选择切削用量

教师引导学生查阅资料，然后进行小组讨论，学习填写切削用量卡片的方法。

（1）外圆粗加工　首先取 $a_p = 1.5\text{mm}$，其次取 $f = 0.2\text{mm/r}$，最后取 $v_c = 100\text{m/min}$，$d = 45\text{mm}$。根据公式 $n = \dfrac{1000v_c}{\pi d}$ 计算并选取主轴转速 $n = 800\text{r/min}$，根据公式 $v_f = fn$ 计算出进给速度 $v_f = 160\text{mm/min}$，填入表 3-4 中。

（2）外圆精加工　首先取 $a_p = 0.5\text{mm}$，其次取 $f = 0.05\text{mm/r}$，最后取 $v_c = 160\text{m/min}$，$d = 36\text{mm}$。根据公式 $n = \dfrac{1000v_c}{\pi d}$ 计算并选取主轴转速 $n = 1500\text{r/min}$，根据公式 $v_f = fn$ 计算出进给速度为 75mm/min，这里取 $v_f = 80\text{mm/min}$，填入表 3-4 中。

（3）槽加工　首先取 $a_p = 2\text{mm}$，根据本机床动力和刚性限制条件，尽可能选取大进给量，$f = 0.05\text{mm/r}$，其次根据刀具寿命确定最佳切削速度，硬质合金刀具取 $v_c = 45\text{m/min}$。根据公式 $n = \dfrac{1000v_c}{\pi d}$ 计算并选取主轴转速为 600r/min，进给速度 $v_f = fn = 30\text{mm/min}$，填入表 3-4 中。

（4）螺纹加工　根据公式 $n \leqslant \dfrac{1200}{P} - K$（$K$ 为保险系数，一般取 80），取主轴转速 $n=$ 700r/min，填入表 3-4 中。

（5）内孔粗加工　首先取 $a_{\mathrm{p}}=1$mm，其次取 $f=0.12$mm/r，最后取 $v_{\mathrm{c}}=60$m/min，$d=$ 24mm。根据公式 $n=\dfrac{1000v_{\mathrm{c}}}{\pi d}$ 计算并选取主轴转速 $n=800$r/min，根据公式 $v_{\mathrm{f}}=fn$ 计算出进给速度 $v_{\mathrm{f}}=96$mm/min（取整为 100r/min），填入表 3-4 中。

（6）内孔精加工　首先取 $a_{\mathrm{p}}=0.5$mm，其次取 $f=0.05$mm/r，最后取 $v_{\mathrm{c}}=90$m/min，$d=$ 24mm。根据公式 $n=\dfrac{1000v_{\mathrm{c}}}{\pi d}$ 计算并选取主轴转速 $n=1200$r/min，根据公式 $v_{\mathrm{f}}=fn$ 计算出进给速度 $v_{\mathrm{f}}=60$mm/min，填入表 3-4 中。

表 3-4　切削用量卡片

班级		姓名		学号	成绩
		零件图号	图 3-1	零件名称	数控车削样件
工步号	刀具号	切削速度 $v_{\mathrm{c}}/(\mathrm{m/min})$	主轴转速 $n/(\mathrm{r/min})$	进给量 $f/(\mathrm{mm/r})$	进给速度 $v_{\mathrm{f}}/(\mathrm{mm/min})$	背吃刀量 $a_{\mathrm{p}}/\mathrm{mm}$
2	T01	100	800	0.2	160	1.5
3	T01	160	1500	0.05	80	0.5
4	T02	45	600	0.05	30	2
5	T03	—	700	1.5	—	1.8
8	T01	100	800	0.2	160	1.5
9	T01	160	1500	0.05	80	0.5
10	T04	60	800	0.12	100	1
11	T04	90	1200	0.05	60	0.5

※小组讨论：

_____

_____

5. 确定工件零点并绘制走刀路线图

教师引导学生，学习绘制数控加工走刀路线图的方法，见表 3-5～表 3-9。

表 3-5　数控加工走刀路线图卡片（工步 2、3）

数控加工走刀路线图			
机床型号：CK6140	系统型号：FANUC Series 0i Mate-TD	零件图号：图 3-1	加工内容：粗、精车外圆各表面
工步号	2、3	程序号	O0030

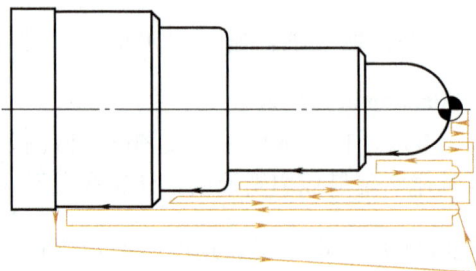

（续）

数控加工走刀路线图									
机床型号：CK6140		系统型号：FANUC Series 0i Mate-TD			零件图号：图 3-1		加工内容：粗、精车外圆各表面		
工步号		2、3			程序号		O0030		
含义	抬刀	下刀	编程原点	起刀点	走刀方向	走刀线相交	爬斜坡	铰孔	行切
符号	⊕	⊗	◕	•→	→	↓	•→	•→	⊐→
编程			校对			审批		共　页	第　页

※注意的问题：

_____

_____

表 3-6　数控加工走刀路线图卡片（工步 4）

数控加工走刀路线图			
机床型号：CK6140	系统型号：FANUC Series 0i Mate-TD	零件图号：图 3-1	加工内容：切槽
工步号	4	程序号	O0030

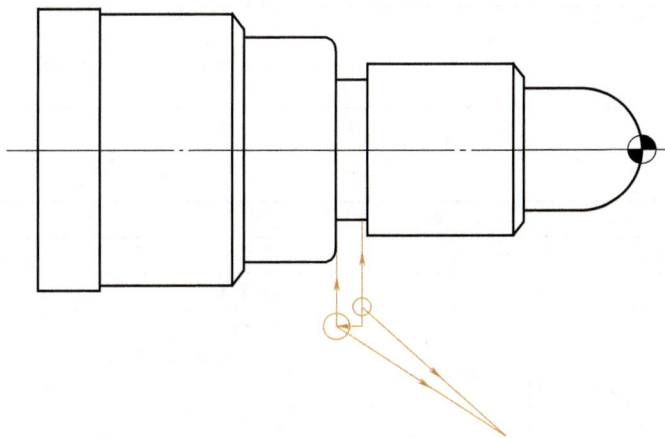

含义	抬刀	下刀	编程原点	起刀点	走刀方向	走刀线相交	爬斜坡	铰孔	行切
符号	⊕	⊗	◕	•→	→	↓	•→	•→	⊐→
编程			校对			审批		共　页	第　页

※注意的问题：

_____

_____

表 3-7　数控加工走刀路线图卡片（工步 5）

数控加工走刀路线图			
机床型号：CK6140	系统型号：FANUC Series 0i Mate-TD	零件图号：图 3-1	加工内容：车螺纹
工步号	5	程序号	O0030

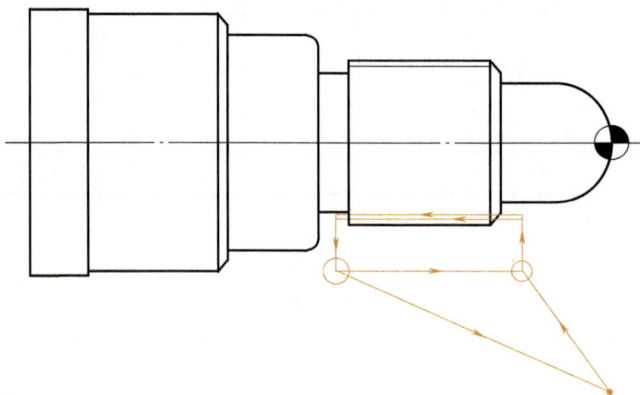

含义	抬刀	下刀	编程原点	起刀点	走刀方向	走刀线相交	爬斜坡	铰孔	行切
符号	⊕	⊗	◕	○→	→	↓	→	○○○	⊏
编程			校对			审批		共　页	第　页

※注意的问题：

_____

_____

表 3-8　数控加工走刀路线图卡片（工步 8、9）

数控加工走刀路线图			
机床型号：CK6140	系统型号：FANUC Series 0i Mate-TD	零件图号：图 3-1	加工内容：掉头粗、精车外圆表面
工步号	8、9	程序号	O0031

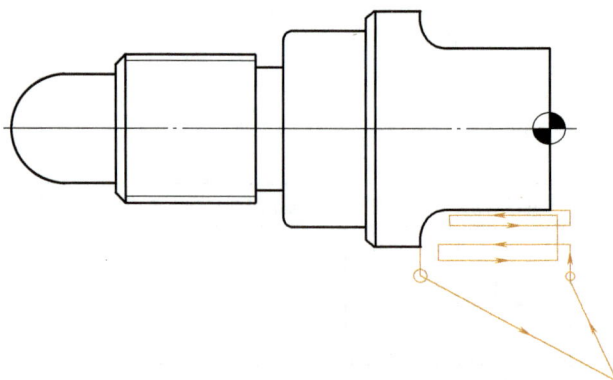

含义	抬刀	下刀	编程原点	起刀点	走刀方向	走刀线相交	爬斜坡	铰孔	行切
符号	⊕	⊗	◕	○→	→	↓	→	○○○	⊏
编程			校对			审批		共　页	第　页

※注意的问题：

_____

_____

表 3-9　数控加工走刀路线图卡片（工步 10、11）

数控加工走刀路线图			
机床型号：CK6140	系统型号：FANUC Series 0i Mate-TD	零件图号：图 3-1	加工内容：粗、精镗内孔表面
工步号	10、11	程序号	O0031

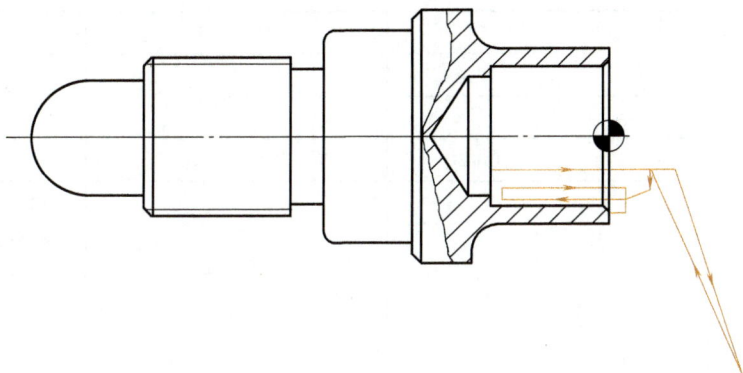

含义	抬刀	下刀	编程原点	起刀点	走刀方向	走刀线相交	爬斜坡	铰孔	行切
符号	⊕	⊗	◕	•→	↓	↓	•○	∿	⇄
编程			校对			审批		共　页	第　页

6. 数学处理

该零件在粗加工时所用各基点坐标大部分都可由图直接得到。该零件主要尺寸的程序设定值一般取相应尺寸的中值。螺纹光轴尺寸应考虑螺纹加工伸缩量，因此编程尺寸为 $X = (27-0.15)\,mm = 26.85\,mm$。螺纹底径根据公式 $d = D-(1.1\sim1.3)P$ 计算，可得 $d = 25.05\,mm$。螺纹可分五次加工。

第一次：$X = 26.2\,mm$，$Z = -46.5\,mm$；

第二次：$X = 25.7\,mm$，$Z = -46.5\,mm$；

第三次：$X = 25.3\,mm$，$Z = -46.5\,mm$；

第四次：$X = 25.1\,mm$，$Z = -46.5\,mm$；

第五次：$X = 25.05\,mm$，$Z = -46.5\,mm$。

将五次加工坐标输入即可。

7. 工艺分析

1）装夹工件的左端。粗、精车 $R10\,mm$、$\phi20\,mm$、$M27 \times 1.5$、$R2\,mm$、$\phi36\,mm$，长度 $19\,mm$、$44\,mm$、$64\,mm$，达到图样要求尺寸并倒角 $C1.5$。

2）切槽 $\phi23\,mm \times 5\,mm$ 达到图样要求尺寸。

3）掉头车端面，保证总长 $97\,mm$。

4）钻中心孔及钻孔 $\phi20\,mm$。

5）装夹工件 $\phi36\,mm$ 外圆。粗、精车 $\phi30\,mm$、$R5\,mm$、$\phi43\,mm$，长度 $23\,mm$、$30\,mm$，达

到图样要求尺寸并倒角。

6）车内孔 $\phi24mm$、$\phi20mm$，长度 $20mm$，达到图样要求尺寸并倒角。

学习环节二 数控加工程序编制和仿真加工

1. 编制程序清单

编制数控加工程序，并填入表3-10和表3-11。

表 3-10 数控加工程序清单（O0030）

数控加工程序清单			零件图号	零件名称
姓名	学号	成绩	图 3-1	数控车削样件
程序号		O0030	工步及刀具	说明
O0030； M03 S800； T0101； G00 G42 X47 Z2； G71 U1 R1； G71 P1 Q2 U1 W0 F0.2； N1 G00 X0； G01 Z0； G03 X20 Z-10 R10； G01 Z-19； X24； X27 Z-20.5； Z-49； G03 X36 Z-51 R2； G01 Z-64； X40； X43 Z-65.5； Z-69； N2 G00 X47； G00 G40 X100； Z100；			粗车外圆各表面 T0101	加工前应先设置相应的刀具参数，以保证零件尺寸精度
T0101； M3 S1500； G00 G42 X47 Z2； G70 P1 Q2 F0.05； G00 G40 X100； Z100；			精车外圆各表面 T0101	切槽前需要对工件尺寸精度进行检验，必要时修调尺寸后再次精加工
M00；			程序停,进行尺寸检验	
T0202； M3 S600； G00 X38 Z2； Z-49； G01 X23.2 F0.05；			换切槽刀 T0202 分两刀切宽度为5mm的槽	

（续）

数控加工程序清单			零件图号	零件名称
姓名	学号	成绩	图 3-1	数控车削样件
程序号		O0030	工步及刀具	说明
G0 X38； W2； G01 X23 F0.05； Z-49； G00 X100； Z100； M00； T0303； M3 S700； G00 X29 Z2； Z-17； G92 X26.2 Z-46.5 F1.5； X25.7； X25.3； X25.1； X25.05； X25.05； G00 X100； Z100； M30；			换螺纹车刀 T0303 分五次切出螺纹	待螺纹最后一刀切出后进行检验并修调

表 3-11　数控加工程序清单（O0031）

数控加工程序清单			零件图号	零件名称
姓名	学号	成绩	图 3-1	数控车削样件
程序号		O0031	工步及刀具	说明
O0031； M03 S800； T0101； G00 G42 X47 Z2； G71 U1 R1； G71 P1 Q2 U1 W0 F0.2； N1 G00 X30； G01 Z-18； G02 X40 W-5 R5； G01 X43； Z-35； N2 G01 X47； G00 G40 X100； Z100； T0101； M03 S1500； G00 G42 X47 Z2；			粗车外圆各表面 T0101 精车外圆各表面 T0101	掉头加工另一端外圆表面 加工前应先设置相应的刀具参数，以保证零件尺寸精度

（续）

数控加工程序清单			零件图号	零件名称
姓名	学号	成绩	图 3-1	数控车削样件
程序号		O0031	工步及刀具	说明

G70 P1 Q2 F0.05； G00 G40 X100； Z100； M00； M03 S800； T0404； G00 X18 Z2； G71 U1 R1； G71 P1 Q2 U-0.5 W0 F0.12； N1 G00 X26； G01 Z0； X24 Z-2； Z-20； X20； Z-22； N2 G00 X18； G00 Z100； X100； T0404； M03 S1200； G00 X18 Z2； G70 P1 Q2 F0.05； G00 Z100； X100； M30；	程序停，进行尺寸检验 粗镗内孔各表面 T0404 精镗内孔各表面 T0404 程序停，进行尺寸检验	 加工另一端内孔表面 加工前应先设置相应的刀具参数，以保证零件尺寸精度

2. 仿真加工

（1）打开仿真系统　打开 vnuc3.0 数控加工仿真与远程教学系统，如图 3-2 所示。

1）打开服务器  vnuc服务器 ，然后在客户端的桌面上双击图标  VNUC3.0网络版 进入。网络版用户执行上述操作后会出现图 3-2 所示界面，输入用户名和密码后，单击"登录"。

2）进入后，从软件主菜单的"选项"中选择"选择机床和系统"，如图 3-3 所示，进入"选择机床与数控系统"对话框，如图 3-4 所示，这里选择华中世纪星卧式数控车床。

图 3-2　选择机床

选择机床和系统(Z)

参数设置(P)

图 3-3　选择机床和系统

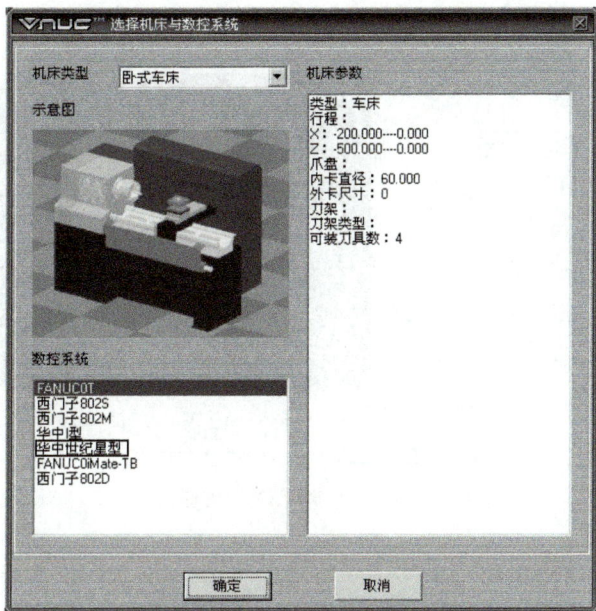

图 3-4　选择华中世纪星型卧式数控车床

（2）设置机床回零点　首先旋开"急停"按钮，按"回零方式"按钮，然后调节 Z
轴、X 轴的控制按钮和进行回零。

（3）选择毛坯、材料、夹具，装夹工件

1）在菜单栏中选择"工艺流程"→"毛坯"，出现图 3-5 所示"毛坯零件列表"对话框。

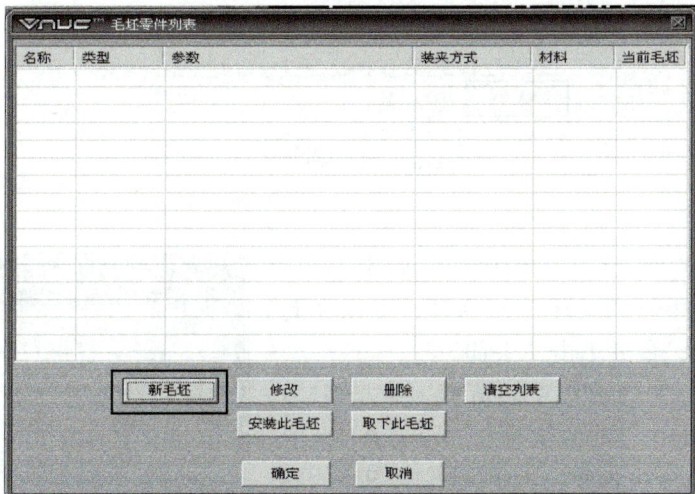

图 3-5　"毛坯零件列表"对话框

2）选择"新毛坯"，出现图 3-6 所示"车床毛坯"对话框，按照对话框提示填写工件
要求的数值。

3）单击"确定"，出现图 3-7 所示"毛坯零件列表"对话框。

图 3-6 "车床毛坯"对话框

图 3-7 "毛坯零件列表"对话框

4）单击"安装此毛坯"，再单击"确定"，出现图 3-8 所示"调整车床毛坯"对话框，可以在此处调整毛坯的位置，最后单击"关闭"。

（4）安装刀具　单击"工艺流程"→"车刀刀库"，选择刀具，在"刀片形状"选项组选择 55°刀片，在"刀具形式与主偏角"选项组选择 93°外圆车刀，然后根据需要选择刀柄，如图 3-9 所示。

（5）建立工件坐标系

1）按 ⌷，打开主轴正转，在控制面板上选择 ⌷，进入手动状态。调节 ⌷ 和 ⌷，先平一下端面，然后用试切法对刀，先用一号刀在工件端面上进行

图 3-8 "调整车床毛坯"对话框

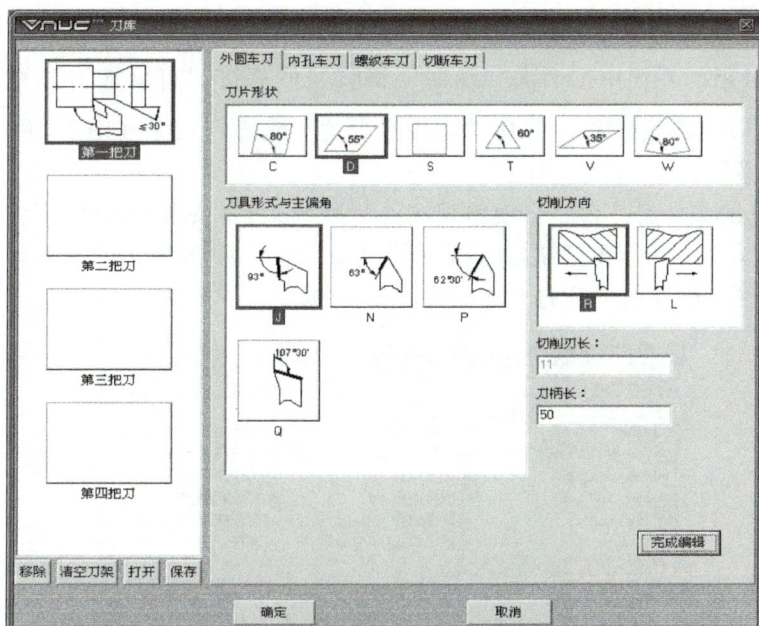

图 3-9 安装刀具

试切，如图 3-10 所示。

2）在主菜单中单击"工具"选项，打开"测量"工具，测量出试切毛坯直径为"42.133"，如图 3-11 所示。

图 3-10 试切法对刀

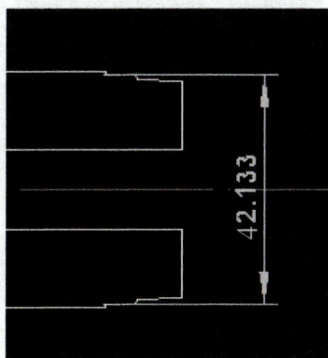

图 3-11 测量出试切毛坯直径

此时，刀尖所在位置的机械坐标值为绝对坐标；工件坐标系定在工件右端面中心，则 X 轴绝对坐标加上试切直径之半的负值，即 -21.066，就是工件坐标系 X 轴的机械坐标。平端面时记录下来的 Z 轴的机械坐标值就是工件坐标系 Z 轴的机械坐标。将计算出来的工件坐标系的 X、Z 值输入机床刀具偏置表中，也就是机床控制面板中，如图 3-12 所示。

刀偏号	X偏置	Z偏置	X磨损	Z磨损	试切直径	试切长度
#0001	0.000	0.000	0.000	0.000	0.000	0.000
#0002	0.000	0.000	0.000	0.000	0.000	0.000
#0003	0.000	0.000	0.000	0.000	0.000	0.000
#0004	0.000	0.000	0.000	0.000	0.000	0.000
#0005	0.000	0.000	0.000	0.000	0.000	0.000
#0006	0.000	0.000	0.000	0.000	0.000	0.000
#0007	0.000	0.000	0.000	0.000	0.000	0.000
#0008	0.000	0.000	0.000	0.000	0.000	0.000
#0009	0.000	0.000	0.000	0.000	0.000	0.000

直径 毫米 分进给 主轴修调： 1.0 快速修调： 0.2 进给修调： 1.0

图 3-12 输入工件坐标系的 X、Z 值

（6）选择数控加工程序

1）在图 3-14 所示界面中按两次"返回"键 ▣，然后按"自动加工"键 ▣，再按"程序选择"键 ▣，从"磁盘程序 F1"中选择用户自动生成的 G 指令（图 3-13，文件名、路径都是用户自己定义的）。

2）双击找到的文件后，程序自动出现在液晶显示屏上，如图 3-14 所示。

（7）自动加工　一切准备就绪后，按下"自动方式"按钮和"循环启动"按钮，数控车床开始自动加工。仿真加工后的工件如图 3-15 所示。

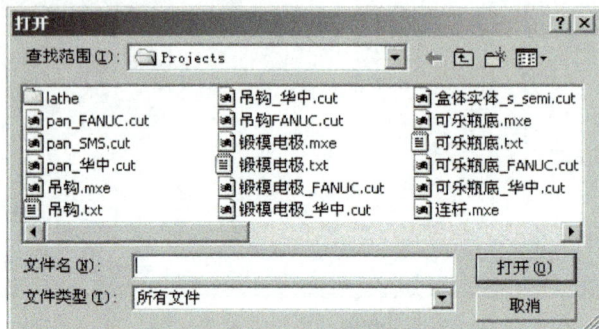

图 3-13　从"磁盘程序 F1"中选择用户自动生成的 G 指令

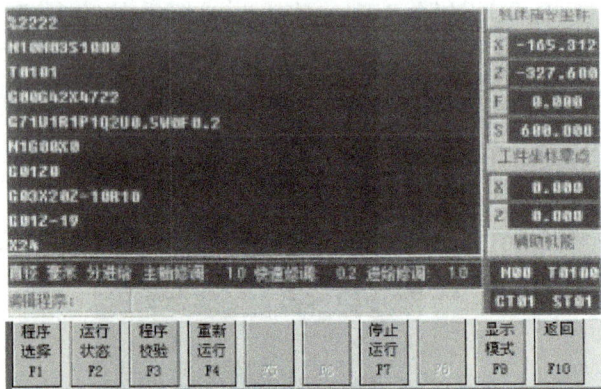

图 3-14　程序自动出现在液晶显示屏上

图 3-15　仿真加工后的工件

学习环节三　实际加工

1. 准备机床

（1）检查和接通电源

1）检查数控车床的外观是否正常，如电气柜的门是否关好等。

2）按机床通电顺序通电。

3）通电后检查是否显示位置屏幕，如有错误，会显示相关报警信息。注意：在显示位置屏幕或报警屏幕前不要操作系统，因为有些键可能有特殊用途，如按下会有意想不到的结果。

4）检查电动机风扇是否旋转。

（2）回参考点 按下"回零方式"按钮，使指示灯变亮，进入回零模式，执行回零操作。

2. 准备工件

（1）加工装夹面 装夹定位面为工件外圆面，因此，需要将毛坯硬皮去掉大约 15mm 长，该长度为装夹长度。

（2）装夹毛坯 掉头装夹刚车去硬皮的工件，其装夹、找正仍须遵守普通车床的要求，装夹圆棒料时要水平安放，右手拿工件稍做转动，左手配合右手旋紧卡盘扳手，将工件夹紧，如图 3-16 所示。工件伸出卡盘端面外的长度等于加工长度加 10mm 左右，本工件伸出卡盘外的长度约为 40mm。

图 3-16 装夹毛坯

3. 准备刀具

（1）检查刀具 检查所用刀具螺钉是否旋紧，刀片是否破损，如图 3-17 所示。

（2）安装刀具 按刀具号将刀具装于对应刀位。所用刀具均为机夹刀具，装夹时刀柄应贴紧刀台，伸出长度在保证加工要求的前提下越短越好，一般为工件长度的 1/3，如图 3-18 所示。

图 3-17 检查刀具

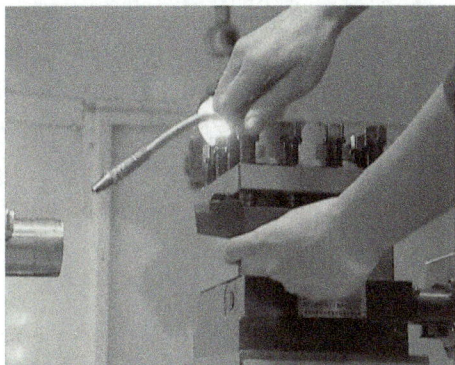

图 3-18 安装刀具

4. 准备程序

（1）文件管理 按 文件管理 软键，可在弹出的菜单中进行新建目录、更改文件名、删除文件、复制文件等操作。

1）新建目录。按 文件管理 软键，在弹出的菜单中按"F1"软键，选择"新建目录"，输入需要新建的目录名称。

2）更改文件名。按 文件管理 软键，在弹出的菜单中按"F2"软键，选择"更改文件名"，输入要更改的文件名，然后按 Enter 键确认。

3）复制文件。按 文件管理 软键，在弹出的菜单中按"F3"软键，选择"复制文件"，在弹出的对话框中输入需要复制的源文件名，按 Enter 键确认，然后在弹出的对话框中输入要复制的目标文件名，按 Enter 键确认。

4）删除文件。按 文件管理 软键，在弹出的菜单中按"F4"软键，选择"删除文件"，在弹

出的对话框中输入要删除的文件名，按 Enter 键确

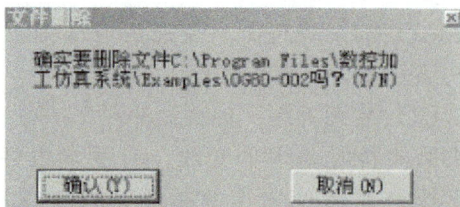

认，弹出图 3-19 所示的"文件删除"对话框，按

"确认"键删除。

（2）程序的编辑和修改　可以运用操作面板

上的编辑键进行程序变更（包括字的检索、插入、

修改、删除）、程序检索、程序删除、行号（顺序

号）检索等操作。程序输入后或在检查程序中发

图 3-19　"文件删除"对话框

现的错误必须修改，即需要对某些字进行修改、插入和删除。程序编辑还包括整个程序的删

除和自动插入顺序号。

字是地址及其后的数字，在具体程序编辑过程中如果出现问题，可以对字进行插入、修

改和删除。但需要注意的是，在程序执行期间，通过单段运行或进给暂停等操作暂停程序的

执行，对程序进行修改、插入或删除后不能再继续执行程序。

（3）程序调试　在实际加工前，应检查机床运动是否符合要求，检查方法有观察机床

实际运动和机床不动而通过模拟功能观察加工时刀具轨迹的变化两种。

1）观察机床实际运动。调整进给倍率，利用单程序段运行检查程序。

① 按前面讲述的方法，进行手动返回机床参考点的操作。

② 在不装工件的情况下做好加工准备。

③ 将光标移到程序号下面，按下"循环启动"按钮，机床开始自动运行，同时指示灯亮。

④ 屏幕上显示正在运行的程序。

2）机床不动而通过模拟功能观察加工时刀具轨迹的变化。

① 手动锁紧机床。

② 选择自动加工模式。

③ 选择输入的程序。

④ 按"程序校验"软键，然后按下"循环启动"按钮。

⑤ 屏幕上显示正在运行的程序。

5. 对刀及参数设定

（1）外圆加工刀具（如外圆车刀、切槽刀、螺纹车刀）的对刀方法

1）手动选择 1 号刀位。

2）使用 MDI 方式指定主轴转速，使主轴正转。

3）Z 向对刀。用点动方式将刀具快速移动到接近

工件的位置，换手轮操作。手轮倍率选择"×10"，移

动工作台，使刀具接触工件端面，如图 3-20 所示。

在 Z 轴不动的情况下，将刀具沿 X 向移出，打开

图 3-21 所示的"刀偏表"，在 1 号地址对应的"试切

长度"栏中输入"0"，按<Enter>键，系统自动把计算

后的工件 Z 向零点偏置值输入"Z 偏置"栏中。完成

图 3-20　外圆加工刀具接触工件端面

刀偏量	X偏置	Z偏置	X磨损	Z磨损	试切直径	试切长度
#XX0	-220.700	-161.250	0.000	0.000	0.000	0.000
#XX1	0.000	0.000	0.000	0.000	0.000	0.000
#XX2	0.000	0.000	0.000	0.000	0.000	0.000
#XX3	0.000	0.000	0.000	0.000	0.000	0.000
#XX4	0.000	0.000	0.000	0.000	0.000	0.000
#XX5	0.000	0.000	0.000	0.000	0.000	0.000
#XX6	0.000	0.000	0.000	0.000	0.000	0.000
#XX7	0.000	0.000	0.000	0.000	0.000	0.000
#XX8	0.000	0.000	0.000	0.000	0.000	0.000
#XX9	0.000	0.000	0.000	0.000	0.000	0.000
#XX10	0.000	0.000	0.000	0.000	0.000	0.000
#XX11	0.000	0.000	0.000	0.000	0.000	0.000
#XX12	0.000	0.000	0.000	0.000	0.000	0.000

图 3-21 "刀偏表"

当前刀具的 Z 向对刀操作。

4）X 向对刀。手轮倍率选择"×100"和"×10"，移动工作台，使刀具接触工件外圆，并车一段长 10mm 的外圆，如图 3-22a 所示。在 X 轴不动的情况下，将刀具沿 Z 向移出，停止主轴转动，测量工件外径（精确到小数点后两位），如图 3-22b 所示。打开"刀偏表"，在"试切直径"栏中输入 X 向测量值，按<Enter>键完成当前刀具的 X 向对刀操作，系统自动把计算得到的 X 向偏置值输入"X 偏置"栏中。

5）使刀具远离工件，手动选择 2 号刀位，重复上述步骤对 2 号刀具的 2 号偏置值进行设置。

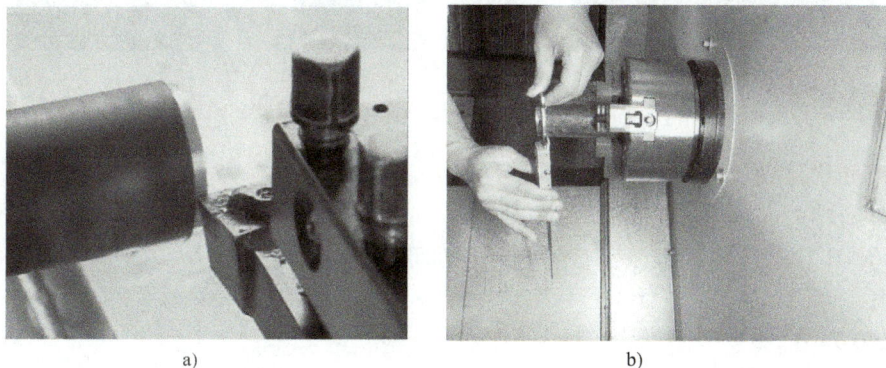

a)   b)

图 3-22 外圆加工刀具 X 向对刀操作

6）其他刀具分别尽可能接近试切过的外圆面和端面，把第一把刀的 X 向测量值和 Z0 直接输入"偏置/形状"界面里相应刀具对应的刀补号 X、Z 中，按"测量"键即可。

注意：螺纹车刀 Z 向对刀时，用眼睛瞄准刀尖对齐工件端面即可，不可接触工件端面。

（2）内孔加工刀具（内孔镗刀）的对刀方法

1）手动选择 4 号刀位。

2）使用 MDI 方式指定主轴转速，使主轴正转。

3）Z 向对刀。用点动方式将刀具快速移动到接近工件位置，换手轮操作。手轮倍率选

择 "×10"，移动工作台，使刀具接触工件端面，如图 3-23 所示。

在 Z 轴不动的情况下，打开 "刀偏表"，在 4 号地址对应的 "试切长度" 栏中输入 "0"，按<Enter>键，系统自动把计算后的工件 Z 向零点偏置值输入 "Z 偏置" 栏，完成当前刀具的 Z 向对刀操作。

4）X 向对刀。手轮倍率选择 "×100" 和 "×10"，移动工作台，使刀具接触工件内孔表面，并车一段长 10mm 的内圆表面，如图 3-24a 所示。在 X 轴不动的情况下，将刀具沿 Z 向移

图 3-23　内孔加工刀具接触工件端面

出，停止主轴转动，测量工件内径（精确到小数点后两位），如图 3-24b 所示。打开 "刀偏表"，在 "试切直径" 栏中输入 X 向测量值，按<Enter>键完成当前刀具的 X 向对刀操作，系统自动把计算得到的 X 向偏置值输入 "X 偏置" 栏中。

a)

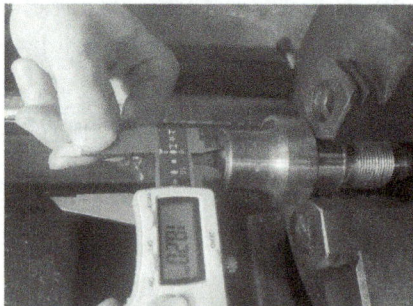
b)

图 3-24　内孔加工刀具 X 向对刀操作

6. 车削端面及钻孔

（1）车削端面

1）在 MDI 状态下输入程序。参考程序段如下：

O0030；

G00 X60 Z-0.5；

G01 X-1 F100；

G00 X100 Z100；

2）按下 "循环启动" 按钮，车削端面。

3）测量车削端面后的工件长度，并通过修改 MDI 程序中的 Z 值来调整背吃刀量，直到达到要求。

（2）钻孔　在端面上钻孔，如图 3-25 所示。

7. 数控车床的自动加工

检查完程序并确认无误后，开始加工样件。

1）先将进给倍率调低，选择单段运行工作方

图 3-25　钻孔

式，同时按下"循环启动"按钮，系统执行单程序段运行工作方式。

2）每加工完一个程序段，机床停止进给后，都要检查下一段要执行的程序，确认无误后再按"循环启动"按钮。要时刻注意刀具的加工状况，观察刀具、工件有无松动，是否有异常的噪声、振动、发热等，以及是否会发生碰撞。加工时，一只手要放在"急停"按钮附近，一旦出现紧急情况，可随时按下"急停"按钮。

3）确认对刀无误、加工正常后，可以选择自动方式加工。

8. 检测工件

整个工件加工完毕后，用量具检测工件尺寸，如图 3-26 所示。

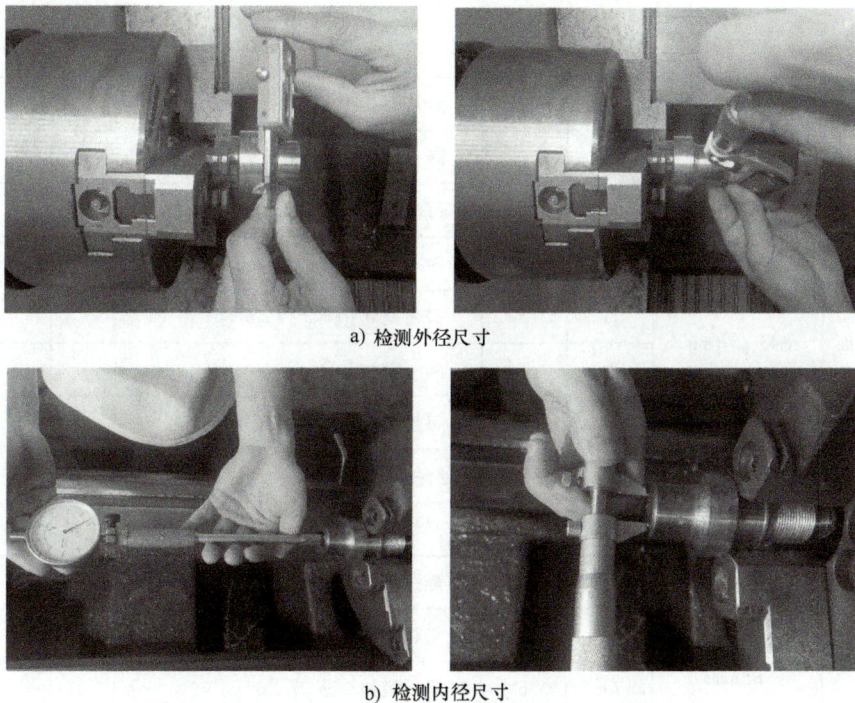

a）检测外径尺寸

b）检测内径尺寸

图 3-26　检测工件尺寸

9. 调整尺寸

检测时如发现错误或超差情况，应分析检查编程、补偿值设定、对刀等工作环节，有针对性地进行调整。

1）如果工件尺寸超差，可在"刀偏表"的"X 磨损"项中输入超差值，并加负号。

2）采用程序跳段功能将程序中的粗车程序行跳过不执行，运行精加工程序加工一遍工件即可合格。

学习环节四　零件检测

1. 自检

在教师指导下学习零件的检测方法，使用游标卡尺、千分尺、螺纹环规等量具对零件进行检测。

2. 填写零件质量检测结果报告单（见表3-12）

表 3-12 零件质量检测结果报告单

班级				姓名	学号		成绩
零件图号		图 3-1		零件名称	数控车削样件		
序号	考核项目	考核内容		配分	评分标准	检测结果	得分
						学生 / 教师	
1	圆柱面	$\phi 20_{-0.033}^{0}$ mm	IT	5	每超差 0.01mm 扣 2 分		
			Ra	5	降一级扣 2 分		
2		$(\phi 36 \pm 0.012)$ mm	IT	5	每超差 0.01mm 扣 2 分		
			Ra	5	降一级扣 2 分		
3		$\phi 43_{-0.025}^{0}$ mm	IT	5	每超差 0.01mm 扣 2 分		
			Ra	5	降一级扣 2 分		
4		$\phi 30$ mm	IT	3	每超差 0.01mm 扣 2 分		
			Ra	3	降一级扣 2 分		
5		$\phi 20$ mm	IT	3	每超差 0.01mm 扣 2 分		
			Ra	2	降一级扣 2 分		
6	圆弧面	$R10$ mm、$R2$ mm、$R5$ mm	IT	6	每超差 0.01mm 扣 2 分		
			Ra	6	降一级扣 2 分		
7	槽	$\phi 23$ mm×5mm	IT	5	每超差 0.01mm 扣 2 分		
8	长度	19mm	IT	4	每超差 0.01mm 扣 2 分		
9		44mm	IT	4	每超差 0.01mm 扣 2 分		
10		64mm	IT	4	每超差 0.01mm 扣 2 分		
11		20mm	IT	4	每超差 0.01mm 扣 2 分		
12		23mm	IT	4	每超差 0.01mm 扣 2 分		
13		30mm	IT	4	每超差 0.01mm 扣 2 分		
14		97mm	IT	4	每超差 0.01mm 扣 2 分		
15	螺纹	M27×1.5	IT	10	每超差 0.01mm 扣 2 分		
			Ra	5	降一级扣 2 分		

3. 小组评价（见表3-13）

表3-13　小组评价表

班级		零件名称	零件图号	小组编号
		数控车削样件	图3-1	
姓名	学号	表现	零件质量	排名

4. 填写考核结果报告单（见表3-14）

表3-14　考核结果报告单

班级		姓名		学号		成绩	
		零件图号	图3-1	零件名称	数控车削样件		
序号	项目	考核内容			配分	得分	项目成绩
1	零件质量 （30分）	圆柱面			6		
		内孔			8		
		槽			2		
		长度			4		
		螺纹			10		
2	工艺方案制订 （20分）	分析零件图工艺信息			6		
		确定加工工艺			6		
		选择刀具			3		
		选择切削用量			3		
		确定工件零点并绘制走刀路线图			2		
3	编程仿真 （15分）	程序编制			7		
		仿真加工			8		
4	刀具、夹具、 量具的使用 （10分）	游标卡尺的使用			2		
		螺纹环规的使用			2		
		千分尺的使用			3		
		刀具、工件的安装			3		
5	机床操作 （15分）	对刀操作			7		
		机床加工操作			8		
6	安全文 明生产 （5分）	按要求着装			1		
		操作规范，无操作失误			3		
		认真维护机床			1		
7	团队协作（5分）	能与小组成员和谐相处、互相学习、互相帮助			5		

学习环节五　学习评价

1. 加工质量分析报告（见表 3-15）

表 3-15　加工质量分析报告

班级		零件名称		零件图号	
		数控车削样件		图 3-1	
姓名		学号		成绩	
超 差 形 式		原　　因			
外圆尺寸超差		读数有误或测量方法有误			
外圆表面粗糙度未达要求		切削用量选择不当,切削刃有磨损,加工刚度不够,切削液问题			
螺纹环规检测螺纹不合格		未切至深度,牙型不正确			
排屑不畅,出现缠屑现象		切削用量选择不当,刀具角度选择有误			
内孔尺寸超差		读数有误或测量方法有误			
内孔表面粗糙度未达要求		切削用量选择不当,切削刃有磨损,加工刚度不够,切削液问题,排屑不畅			

2. 个人工作过程总结（见表 3-16）

表 3-16　个人工作过程总结

班级		零件名称		零件图号	
		数控车削样件		图 3-1	
姓名		学号		成绩	

3. 小组总结报告（见表3-17）

表 3-17　小组总结报告

班级		零件名称		零件图号	
		数控车削样件		图 3-1	
姓名			组名		

4. 小组成果展示（见表3-18和表3-19）

注：附最终加工零件。

数控车削编程与操作实训教程 第2版

表 3-18 数控加工工序卡片

班级		数控加工工序卡片		零件名称	零件图号	材料牌号	材料硬度
工序名称							
程序号		加工车间	设备名称	设备型号		夹具名称	
工步号	工步内容	刀具号	刀具规格/mm	量具	切削速度/(m/min)	主轴转速/(r/min)	进给量/(mm/r)	进给速度/(mm/min)	背吃刀量/mm	进给次数	备注
编制		审核		批准		共 页	第 页

表 3-19　数控加工刀具卡片

数控加工刀具卡片		班级		零件名称		零件图号		材料牌号		材料硬度
		工序名称		设备名称		设备型号		夹具名称		
		工序号		加工车间		程序号				

工步号	刀具号	刀具名称	刀具参数/mm				刀具(片)材料	偏置号		刀柄型号	备注
			刀具(头)直(半)径	半径补偿量	长度(位置)补偿量	刀头方位		半径	长度		

编制		审核		批准		共　页　第　页

▣》 练习与思考

简答题

1. 简述用数控车床加工零件的整个过程。

2. 简述仿真软件的使用方法。

建议同学们：打开腾讯 App，搜索"央视新闻"公众号观看。

黄礼涛：一把铣刀雕刻"产业报国"

圆锥轴练习件的编程及车削加工

工作任务描述

1. 零件类型描述

本任务所加工零件（图 4-1）属于较简单的圆锥轴类零件，是数控车削加工中难度较低的基本零件之一。

2. 任务内容描述

圆锥轴练习件毛坯材料为 2A12，毛坯尺寸为 $\phi45mm \times 100mm$，棒料。要求制订零件加工工艺方案，编写零件加工程序，并在仿真软件中进行虚拟加工，然后在数控车床上进行实际加工，最后对零件进行检测和评价。

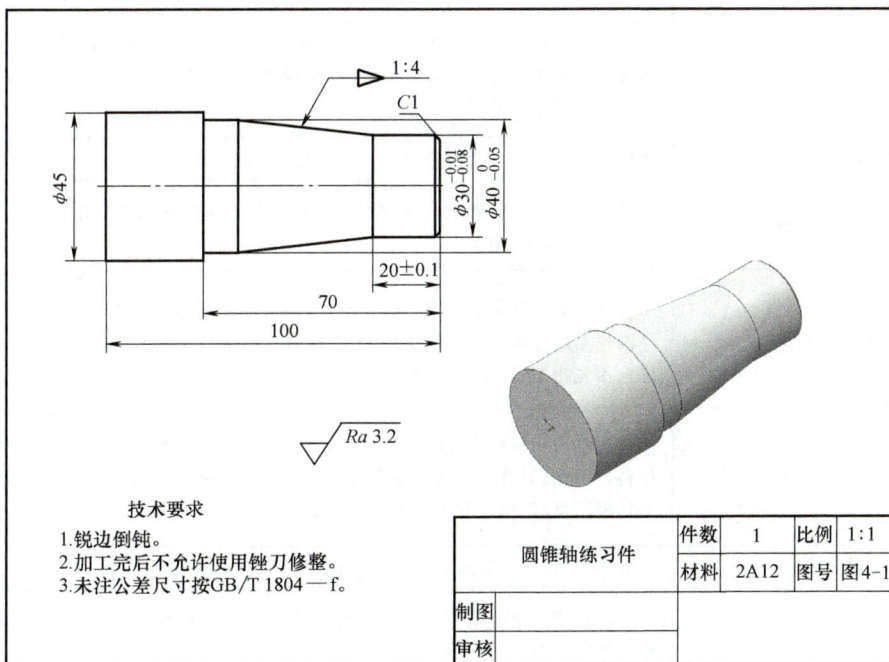

图 4-1 圆锥轴练习件

学习目标

1）能正确制订圆锥轴练习件的加工工艺方案。

2）能正确编制圆锥轴练习件的数控加工程序，并能在仿真软件上进行虚拟加工。

3）能将零件正确地装夹在自定心卡盘上。

4）能将外圆车刀正确地安装在刀架上。

5）能按操作规范合理使用 CK6140 数控车床，并完成圆锥轴练习件的加工。

6）能正确使用游标卡尺对圆锥轴练习件进行检测。

7）能对加工完的零件进行评价并分析超差原因。

学习环节一　制订工艺方案

1. 分析零件图工艺信息

教师布置工作任务，学生提出问题，教师解答，学生填写零件图工艺信息分析卡片，见表 4-1。

表 4-1　零件图工艺信息分析卡片

班级			姓名	学号	成绩
零件图号	图 4-1	零件名称	圆锥轴练习件	材料牌号	2A12
分析内容		分析理由			
形状、尺寸大小		该零件的加工面由端面、外圆柱面、倒角面、圆锥面组成，其形状比较简单，是较典型的短轴类零件。因此，可选现有设备 CK6140 数控车床进行加工，刀具选择 1~2 把外圆车刀即可			
结构工艺性		该零件的结构工艺性好，便于装夹、加工，可选用标准刀具进行加工			
几何要素、尺寸标注		该零件轮廓几何要素定义完整，尺寸标注符合数控加工要求，有统一的设计基准，且便于加工、测量			
尺寸精度、表面粗糙度		外圆柱面 $\phi30^{-0.01}_{-0.08}$ mm、$\phi40^{0}_{-0.05}$ mm，长度（20 ± 0.1）mm 的尺寸精度要求较高，其中外圆柱面尺寸标准公差等级为 IT9~IT10。表面粗糙度值为 $Ra3.2\mu m$。因此，可考虑采用先粗车、再精车的加工方案			
材料及热处理		该零件所用材料为 2A12，硬度为 105HBW，加工性能等级代号为 2，属易切削金属材料。因此，刀具材料选择硬质合金或涂层刀具材料均可。加工时，不宜选择过大的切削用量，切削过程中可不加切削液			
其他技术要求		要求锐角倒钝，故编程时，在锐角处安排 C1 的倒角			
生产类型、定位基准		生产类型为单件生产，因此，要按单件小批生产类型制订工艺规程，定位基准可选择外圆表面			

※问题记录：

_____

_____

2. 确定加工工艺

小组讨论并填写加工工艺卡片，见表 4-2。

表 4-2　加工工艺卡片

班级		姓名		学号		成绩	
		零件图号		零件名称	使用设备	场地	
		图 4-1		圆锥轴练习件	CK6140数控车床	数控加工实训中心	
程序号	O0040	材料牌号		2A12	数控系统	FANUC Series 0i Mate-TD	
工步号	工步内容	确定理由		量具选用		备注	
				名称	量程/mm		
1	车端面	车平端面,建立长度基准,保证工件长度要求。车削完的端面在后续加工中不需要再加工。		0.02mm游标卡尺	0~150	手动	
2	粗车各外圆表面	在较短时间内去除毛坯大部分余量,满足精车余量均匀性要求		0.02mm游标卡尺	0~150	自动	
3	精车各外圆表面	保证零件加工精度,按图样尺寸一刀连续加工出零件轮廓		0.02mm游标卡尺	0~150	自动	

※小组讨论:

_____

_____

_____

3. 选择刀具

教师提出问题,学生查阅资料并填写刀具卡片,见表 4-3。

数控车床一般均使用机夹可转位车刀。本零件材料为硬铝,对刀片材料无特殊要求,刀片均选用常用的涂层硬质合金刀片。机夹可转位车刀所使用的刀片为标准角度,选择菱形刀片,刀尖角选择 80°,粗、精车外圆刀具的主偏角为 93°,刀尖圆弧半径为 0.4mm。

表 4-3　刀具卡片

班级			姓名			学号		成绩
			零件图号	图 4-1	零件名称		圆锥轴练习件	
工步号	刀具号	刀具名称	刀具参数			刀片材料	偏置号	刀柄型号/(mm×mm)
			刀尖圆弧半径/mm	刀尖方位	刀片型号			
1	T01	93°外圆车刀	0.4	3	DCMT11T304-HF	涂层硬质合金		SDJCR2020K11(20×20)
2	T01	93°外圆车刀	0.4	3	DCMT11T304-HF	涂层硬质合金	01	SDJCR2020K11(20×20)
3	T01	93°外圆车刀	0.4	3	DCMT11T304-HF	涂层硬质合金	01	SDJCR2020K11(20×20)

※问题记录:

_____

_____

_____

4. 选择切削用量

小组讨论,学生查阅资料并填写切削用量卡片。

（1）粗加工　首先取 $a_p = 3mm$，其次取 $f = 0.2mm/r$，最后取 $v_c = 120m/min$。根据公式 $n = \dfrac{1000v_c}{\pi d}$ 计算并选取主轴转速 $n = 1000r/min$，根据公式 $v_f = fn$ 计算出进给速度 $v_f = 200mm/min$，填入表4-4中。

（2）精加工　首先取 $a_p = 0.3mm$，其次取 $f = 0.08mm/r$，最后取 $v_c = 200m/min$。根据公式 $n = \dfrac{1000v_c}{\pi d}$ 计算并选取主轴转速 $n = 1500r/min$，根据公式 $v_f = fn$ 计算出进给速度 $v_f = 120mm/min$，填入表4-4中。

表4-4　切削用量卡片

班级			姓名		学号	成绩
			零件图号	图4-1	零件名称	圆锥轴练习件
工步号	刀具号	切削速度 v_c/(m/min)	主轴转速 n/(r/min)	进给量 f/(mm/r)	进给速度 v_f/(mm/min)	背吃刀量 a_p/mm
2	T01	120	1000	0.2	200	3
3	T01	200	1500	0.08	120	0.3

※小组讨论：

_____

_____

5. 确定工件零点并绘制走刀路线图

填写数控加工走刀路线图卡片，见表4-5。

表4-5　数控加工走刀路线图卡片

数控加工走刀路线图			
机床型号：CK6140	系统型号：FANUC Series 0i Mate-TD	零件图号：图4-1	加工内容：圆锥轴
工步号	2、3	程序号	O0040

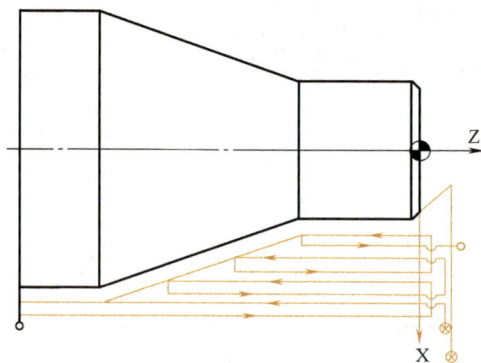

含义	抬刀	下刀	编程原点	起刀点	走刀方向	走刀线相交	爬斜坡	铰孔	行切
符号	⊕	⊗							
编程			校对			审批		共　页	第　页

※注意的问题：

_____

_____

6. 数学处理

（1）主要尺寸程序设定值　该零件在粗加工时，所用各基点坐标大部分都可由图直接得到。其主要尺寸的程序设定值一般取工件尺寸的中值，如 $\phi30_{-0.08}^{-0.01}$ mm 的编程尺寸为 $\phi29.965$ mm。

（2）倒角尺寸计算　加工倒角时需要计算倒角延长线，即计算延长线起点坐标，已知 $Z = 5$，则：

$$X = 30 - 2 \times (2+1) = 24$$

（3）圆锥尺寸计算　粗加工圆锥面时需要计算基点坐标和 1∶4 圆锥面的长度；精加工路线按照图样轮廓即可。圆锥面长度的计算公式为

$$\frac{\Delta}{L} = \frac{1}{4}$$

式中，L 为圆锥面长度（mm）；Δ 为圆锥大端直径与小端直径之差（mm）。

则该零件的圆锥面长度为 40mm。

（4）粗加工路线各基点坐标　第一刀坐标：（X42，Z-70）；第二刀坐标：（X39，Z-60）；第三刀坐标：（X36，Z-52）；第四刀坐标：（X33，Z-40）；第五刀坐标：（X31，Z-28）。

7. 工艺分析

装夹工件的左端，粗、精车外径 $\phi30$ mm、$\phi40$ mm，长度 20mm、70mm，达到图样要求尺寸并倒角 $C1$。

学习环节二　数控加工知识学习

一、数控车床的坐标系及其运动方向

数控车床的坐标系及其运动方向在国际标准（ISO）中有统一规定，我国国家标准与之等效。

1. 坐标系

数控车床的坐标系是以径向为 X 轴方向、纵向为 Z 轴方向。经济型前置刀架卧式数控车床指向主轴箱的方向为 Z 轴负方向，而指向尾座的方向为 Z 轴正方向；X 轴正方向是指向操作者的方向，X 轴负方向为远离操作者的方向。由此，根据右手定则，Y 轴正方向为垂直指向地面（本任务编程中不涉及 Y 坐标）。图 4-2 所示为数控车床的坐标系。

按绝对坐标编程时，使用代码 X 和 Z；按增量坐标（相对坐标）编程时，使用代码 U 和 W。也可以使用混合坐标指令编程，即同一程序中既有绝对坐标指令，又有相对坐标指令。

在数控车床编程中，U 和 X 坐标值一般是以直径形式输入的，即按绝对坐标编程时，X 输入的是直径值；按增量坐标编程时，U 输入的是径向实际位移值的 2 倍，并附上方向符号（正向可以省略）。

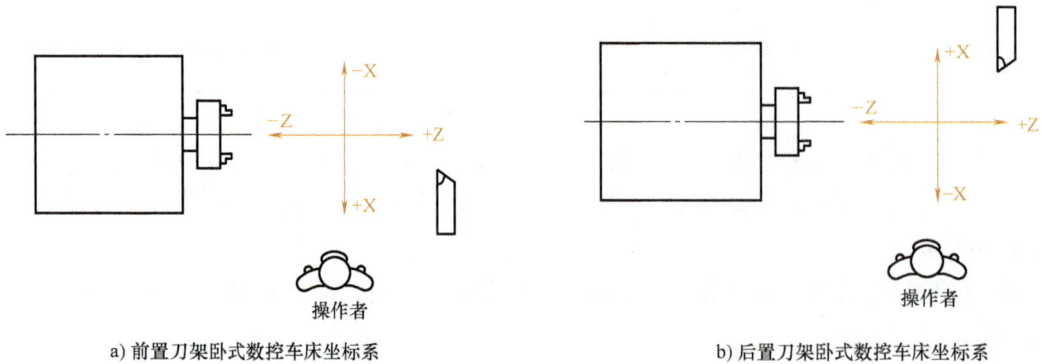

a) 前置刀架卧式数控车床坐标系 b) 后置刀架卧式数控车床坐标系

图 4-2　数控车床的坐标系

2. 原点

（1）机械原点（参考点）　机械原点是由生产厂家在生产数控车床时设定在机床上的，它是一个固定的坐标点。每次操作数控车床，在起动机床之后，必须首先进行回参考点操作，使刀架返回机床的机械原点。

一般来说，根据机床规格不同，X 轴机械原点比较靠近 X 轴正方向的超程点，Z 轴机械原点比较靠近 Z 轴正方向的超程点。

（2）编程原点　编程原点是指程序中的坐标原点，即在数控加工中，刀具相对于工件运动的起点，因此也称为"对刀点"。

在编制数控车削程序时，首先要确定作为基准的编程原点。对于某一加工工件，编程原点的设定通常是将主轴中心设为 X 轴方向的原点，将工件精车后的右端面或精车后的夹紧定位面设定为 Z 轴方向的原点，分别如图 4-3a、b 所示。

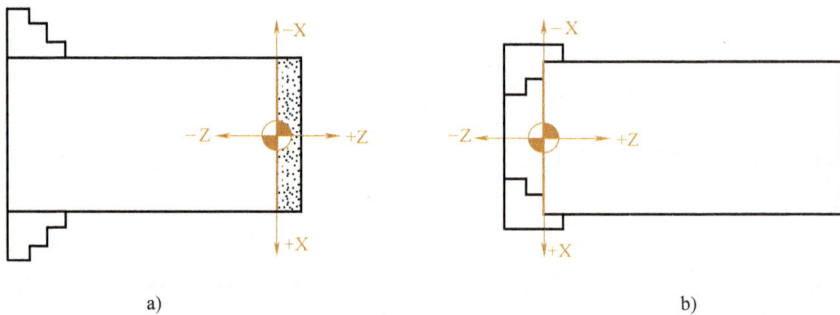

a)　　　　　　　　　　　　　　　　　b)

图 4-3　编程原点

需要注意的是，以机械原点为原点建立的坐标系一般称为机床坐标系，它是一台机床上固定不变的坐标系；而以编程原点为原点建立的坐标系一般称为工件坐标系或编程坐标系，它随着加工工件的改变而改变位置。

二、程序的结构与格式

1. 程序的结构

程序是控制数控车床的指令，与学习 Basic、C 语言编程一样，必须先了解程序的结构，这样才能读懂程序。下面以一个简单的数控车削程序为例，分析数控加工程序的结构。

例 4-1　用经济型数控车床加工图 4-4 所示工件（毛坯直径为 50mm）。

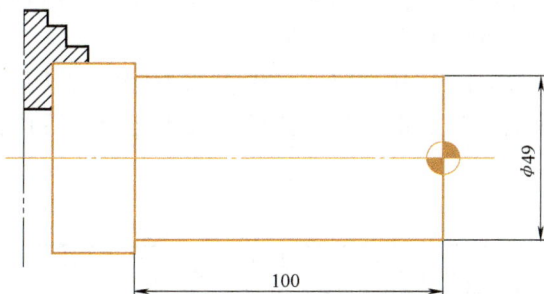

图 4-4　车削外圆

参考程序如下：

O0001；　　　　　　　　　　　　　　程序名（程序号）

N05 G90 G54 M03 S800；

N10 T0101；

N15 G00 X49 Z2；

N20 G01 Z−100 F0.1；　　　　　　　程序内容

N25 X51；

N30 G00 X60 Z150；

N35 M05；

N40 M30；　　　　　　　　　　　　　程序结束

数控加工程序大致可以分成程序名（程序号）、程序内容和程序结束三个部分。

（1）程序名（程序号）　程序号为程序开始部分。在数控装置中，程序的记录是靠程序号来辨别的，可通过程序号来调用某个程序。编辑程序时，也要首先调出程序号。

（2）程序内容　程序内容是整个程序的核心，由许多程序段组成，每个程序段由一个或多个指令组成，表示数控车床要完成的全部动作。

（3）程序结束　以程序结束指令 M02 或 M30 作为整个程序结束的符号，来结束整个程序。

2. 程序段格式

程序段是可以作为一个单位来处理的连续字组，由例 4-1 可见，程序段的一般构成形式如下：

N___　　G___　　X（U）___ Z（W）___　　F___ M___ S___ T___　　；

程序段　　准备　　　　　尺寸字　　　　进给　辅助　主轴　刀具　程序段

顺序号　　功能　　　　　　　　　　　　功能　功能　功能　功能　结束

三、M 功能（辅助功能）

辅助功能也称 M 功能或 M 指令，由地址字 "M" 和其后的两位数字组成，从 M00～M99 共 100 种。M 功能主要用于控制零件程序的走向和机床及数控系统各种辅助功能的开关动作。各种数控系统的 M 功能规定有差异，必须根据系统编程说明书选用。

M 功能有非模态 M 功能和模态 M 功能两种类型。非模态 M 功能（当段有效代码）只在书写了该代码的程序段中有效；模态 M 功能（续效代码）是一组可相互注销的 M 功能，这些功能在被同一组的另一个功能注销前一直有效。

另外，M 功能还可分为前作用 M 功能和后作用 M 功能两类。前作用 M 功能在程序段编制的轴运动之前执行；后作用 M 功能在程序段编制的轴运动之后执行。常用的 M 功能指令见表 4-6。

表 4-6 常用的 M 功能指令

指令	是否模态	功能说明	指令	是否模态	功能说明
M00	非模态	程序停止	M03	模态	主轴正转起动
M01	非模态	选择停止	M04	模态	主轴反转起动
M02	非模态	程序结束	M05	模态	主轴停止转动
M30	非模态	程序结束并返回	M07	模态	切削液打开
M98	非模态	调用子程序	M08	模态	切削液打开
M99	非模态	子程序结束	M09	模态	切削液停止

四、S、F、T 指令

1. S 指令（主轴功能）

1）在 M03（主轴正转）后，S 指令表示主轴转速，单位为 r/min。

2）在主轴最高转速限制指令 G50 后，S 指令表示主轴最高转速，单位为 r/min。

3）在 G96（恒线速度控制有效）之后，S 指令表示切削的恒定线速度，单位为 m/min。例如，G96 S150 表示切削点线速度控制在 150m/min。

4）在 G97（取消恒线度控制）之后，S 指令表示取消恒线速度后的主轴转速，单位为 r/min。

例如，G97 S1500 表示取消恒线速控制后，主轴转速为 1500r/min。如果省略 S，则为执行 G96 指令前的主轴转速。

注意：

1）使用恒线速度功能时，主轴必须能自动变速，如伺服主轴、变频主轴。

2）在系统参数中设定主轴最高限速。

2. F 指令（进给功能）

进给功能又称 F 功能或 F 指令，用于指定切削时的进给速度。对于数控车床，F 功能分为每分钟进给和每转进给两种；对于其他数控机床，只有每分钟进给。在螺纹切削程序段，用于设定螺纹导程。

（1）每分钟进给（G94） 每分钟进给量，单位为 mm/min。例如，G94 F100 表示进给量为 100mm/min。

（2）每转进给（G95） 主轴每转进给量，单位为 mm/r。例如，G95 F0.2 表示进给量为 0.2mm/r。

3. T 指令（刀具功能）

T 指令用于选刀，同时调入刀补寄存器中的刀补值（刀补长度和刀补半径）。T 指令为非模态指令（只在该程序段有效），其格式为：T $\boxed{××××}$（四位数字，前两位数字表示刀号，即第几把刀；后两位数字表示刀补号，一般与刀号对应）。

例如，T0101 表示调用 1 号刀及 1 号刀补值。

五、G 指令（准备功能）

准备功能 G 指令由 "G" 及其后的 1~2 位数字组成，用来规定刀具和工件的相对运动轨迹、机床坐标系、坐标平面、刀具补偿、坐标偏置等多种操作。FANUC Series 0i Mate-TD 的 G 指令见表 4-7，华中世纪星 HNC-21/22T 数控车床系统的 G 指令见表 4-8，SIEMENS 802S/C 数控车床系统的 G 指令见表 4-9。相关指令微课讲解视频见二维码清单。

表 4-7　FANUC Series 0i Mate-TD 的 G 指令

指令	组号	功　能	指令	组号	功　能
G00		快速定位	G57		
G01	01	直线插补	G58	11	零点偏置
G02		圆弧插补（顺时针）	G59		
G03		圆弧插补（逆时针）	G65	00	宏指令简单调用
G04	00	暂停延时	G66	12	宏指令模态调用
G20	08	英寸输入	G67		宏指令模态调用取消
G21		毫米输入	G90	13	绝对值编程
G27		参考点返回检查	G91		增量值编程
G28	00	返回参考点	G92	00	坐标系设定
G29		由参考点返回	G80		内、外径车削单一固定循环
G32	01	螺纹切削	G81	01	端面车削单一固定循环
G40		刀具半径补偿取消	G82		螺纹切削单一固定循环
G41	09	刀具半径左补偿	G94	14	每分钟进给
G42		刀具半径右补偿	G95		每转进给
G52	00	局部坐标系设定	G71		内、外径车削复合固定循环
G54			G72	06	端面车削复合固定循环
G55	11	零点偏置	G73		封闭轮廓车削复合固定循环
G56			G76		螺纹车削复合固定循环

表 4-8　华中世纪星 HNC-21/22T 数控车床系统的 G 指令

G 指令	组号	功　能	G 指令	组号	功　能
G00		快速定位	G04	00	暂停
G01	01	直线插补	G20	08	英寸输入
G02		圆弧插补（顺时针）	G21		毫米输入
G03		圆弧插补（逆时针）	G28	00	返回参考点

（续）

G 指令	组号	功　能	G 指令	组号	功　能
G29	00	由参考点返回	G71		内、外径车削复合循环
G32	01	螺纹切削	G72		端面车削复合循环
G36	17	直径编程	G73		闭环车削复合循环
G37		半径编程	G76	06	螺纹切削复合循环
G40		刀具半径补偿取消	G80		车内外径复合循环
G41	09	刀具半径左补偿	G81		端面车削复合循环
G42		刀具半径右补偿	G82		螺纹切削固定循环
G54			G90	13	绝对编程
G55			G91		相对编程
G56			G92	00	工件坐标系设定
G57	11	坐标系选择	G94	14	每分钟进给
G58			G95		每转进给
G59			G96	16	恒线速度切削
G65		宏指令简单调用	G97		取消恒线速度切削

表 4-9　SIEMENS 802S/C 数控车床系统的 G 指令

G 指令	功　能	G 指令	功　能
G90/G91	绝对/增量尺寸	G33	定螺距螺纹切削
G71/G70	毫米/英寸尺寸	G74	回参考点
G22/G23	半径/直径尺寸	G75	接近固定点
G158	可编程零点偏置	G9、G60、G64	准确停、连续路径加工
G52~G57、G50、G53	可设定零点偏置	G601、G602	准确停时的段转换
G0	快速定位	G25、G26	主轴速度限制
G01	直线插补	G96、G97	恒线速度切削
G02/G03	顺时针/逆时针圆弧插补	G40	取消刀具半径补偿
G04	暂停	G41/G42	刀具半径左/右补偿
G05	中间点的圆弧插补	G450、G451	转角处加工

从表 4-7～表 4-9 中可以看出，在不同数控系统中，同一 G 指令所代表的含义不完全一样。

1. 快速定位指令（G00）

G00 用于指定刀具以点位控制方式从其所在点快速移动到目标位置，无运动轨迹要求，不需要特别指定移动速度。输入格式为：

G00 IP ＿；

1）"IP ＿"代表目标点的坐标，可以用 X、Z、U、W 表示。

2）X（U）坐标按直径值输入。

3）快速定位时，刀具的路径通常不是直线。

例 4-2　如图 4-5 所示，用 G00 指令刀具从 A 点移动到 B 点。

绝对指令编程：G00 X40 Z2；

增量指令编程：G00 U-60 W-50；

相关知识点：

1）符号"◑"代表编程原点。

2）当在某一轴上相对位置不变时，可以省略该轴的移动指令。

3）在同一程序段中，绝对坐标指令和增量坐标指令可以混用。

4）从图 4-5 可见，实际刀具路径与理想刀具路径可能会不一致，因此，要注意刀具是否会与工件和夹具发生干涉。当不确定是否会发生干涉时，可以考虑各轴单动。

5）刀具快速移动速度由机床生产厂家设定。

2. 直线插补指令（G01）

G01 用于指定直线或斜线运动，可使数控车床沿 X 轴、Z 轴方向执行单轴运动，也可以在 XZ 平面内做任意斜率的直线运动。其输入格式为：

G01 IP __　F __；

1）"IP __"代表目标点的坐标，可以用 X、Z、U、W 表示。

2）"F __"指定刀具的进给速度。

例 4-3　编制车削图 4-6 所示外圆锥的 G01 指令。

绝对指令编程：G01 X40 Z−30 F0.4；

增量指令编程：G01 U20 W−30 F0.4；

混合坐标系编程：G01 X40 W−30 F0.4；

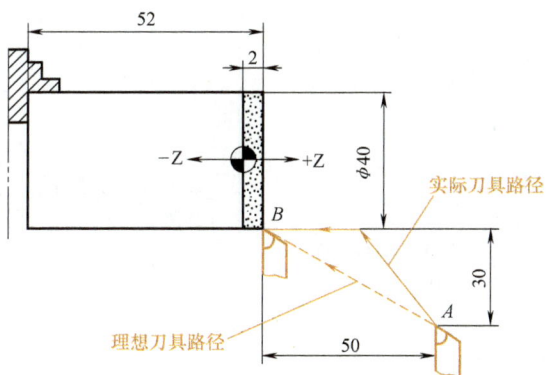

图 4-5　G00 应用举例

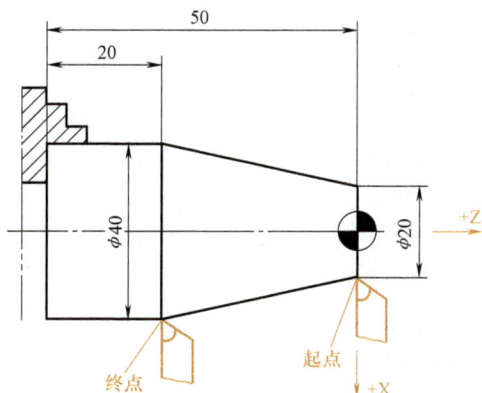

图 4-6　G01 指令车削外圆锥

学习环节三　数控加工程序编制和仿真加工

1. 编制程序清单（见表 4-10）

表 4-10　数控加工程序清单（O0040）

数控加工程序清单			零件图号	零件名称
姓名	学号	成绩	图 4-1	圆锥轴练习件
程序号		O0040	工步及刀具	说明
O0040； M03 S1000； T0101； G00 X48　Z2； G01 X42 F0.2；			粗车外圆各表面 T0101 粗加工 第一刀：X42,Z−70	加工前先设置相应刀具参数

（续）

数控加工程序清单			零件图号	零件名称
姓名	学号	成绩	图 4-1	圆锥轴练习件
程序号		O0040	工步及刀具	说明

Z−70；		
X48；		
Z2；	第二刀：X39,Z−60	
X39；		
Z−60；		
X44；		
Z2；	第三刀：X36,Z−52	
X36；		
Z−52；		
X40；		
Z2；	第四刀：X33,Z−40	
X33；		
Z−40；		
X36；		
Z2；		
X31；	第五刀：X31,Z−28	
Z−28；		
X33；		
Z2；		加工结束后进行尺寸修调
G00 X100；		
Z100；		
T0101；	精车外圆各表面 T0101	
M03 S1500；		
G00 X48 Z2；		
G01 X24 F0.08；		
X30 Z−2；		
Z−20；		
X40 Z−60；		
Z−70；		
X48；		
G00 X100 Z100；		
M30；		

2. 仿真加工

1）打开 vnuc3.0 数控加工仿真与远程教学系统，并选择机床。

2）设置机床回零点。

3）选择毛坯、材料、夹具，装夹工件。

4）安装刀具。

5）建立工件坐标系。

6）上传数控加工程序。

7）自动加工。

仿真加工后的工件如图 4-7 所示。

图 4-7 仿真加工后的工件

学习环节四　实际加工

1. 准备毛坯、刀具、工具、量具

1）将 ϕ45mm×100mm 的棒料毛坯正确地装夹在自定心卡盘上。

2）将93°外圆粗车刀正确地安装在刀架1号刀位上，93°外圆精车刀正确地安装在刀架2号刀位上。

3）正确摆放所需工具、量具。

学习测量工具

（1）游标卡尺的结构　游标卡尺的结构如图4-8所示。其中，主标尺用于读取与游标尺某标尺标记对齐的整毫米数；游标尺用于读取对准主标尺上某标尺标记的数值；刀口内测量爪用于测量内径；刀口外测量爪用于测量外径；深度尺用于测量深度；制动螺钉用于固定游标尺。

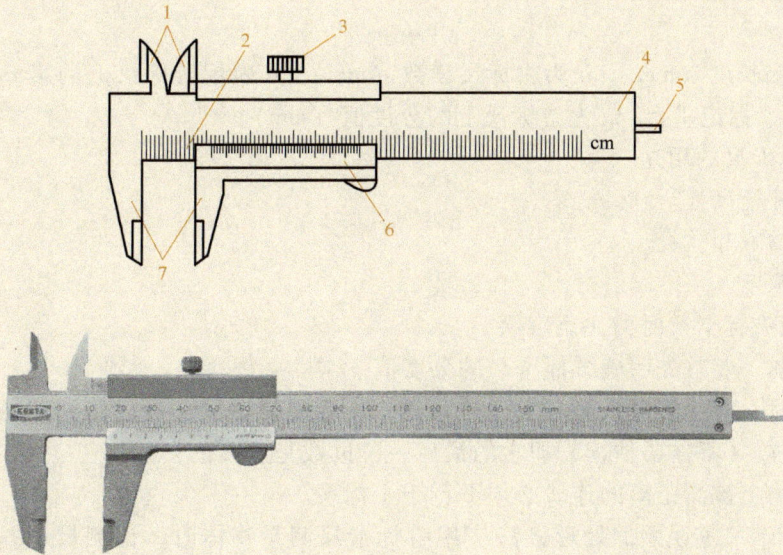

图 4-8　游标卡尺的结构

1—刀口内测量爪　2—主标尺　3—制动螺钉　4—尺身　5—深度尺　6—游标尺　7—刀口外测量爪

（2）游标卡尺的读数原理和读数方法

1）游标卡尺的读数原理。游标卡尺的分度值之所以可以达到0.1mm，甚至0.05mm、0.02mm，是因为它利用了游标尺与主标尺的最小刻度之差。如果将主标尺上的9mm等分为10份作为游标尺的标尺间隔，那么，游标尺上的每一个标尺间隔与主标尺上的每一个标尺间隔所表示的长度之差就是0.1mm。同理，如果将主标尺上的19mm、49mm分别等分为20份、50份作为游标尺上的20个标尺间隔、50个标尺间隔，那么，游标尺上的每一个标尺间隔与主标尺上的每一个标尺间隔所表示的长度之差就分别为0.05mm、0.02mm。

2）读数方法。以分度值为 0.1mm 的游标卡尺为例，测量小于 1mm 的长度时，游标尺上的第几条标尺标记与主标尺上的某标尺标记对齐，主标尺上的零标尺标记与游标尺上零标尺标记的间距就为零点几毫米，被测长度就为零点几毫米。如图 4-9a 所示，游标尺上的第 6 条标尺标记与主标尺上的标尺标记对齐，则被测长度为 0.6mm。当测量长度大于 1mm 时，首先读出与游标尺上零标尺标记对应的主标尺上的整毫米数，然后再按上述方法读出游标尺上与主标尺对齐的标尺标记数值，此数乘以 0.1 后与整毫米数相加，即得被测长度。如图 4-9b 所示，主标尺上的读数为 29mm，游标尺上的第 8 条标尺标记与主标尺上的标尺标记对齐，因此，被测长度为 （29+8×0.1） mm＝29.8mm。

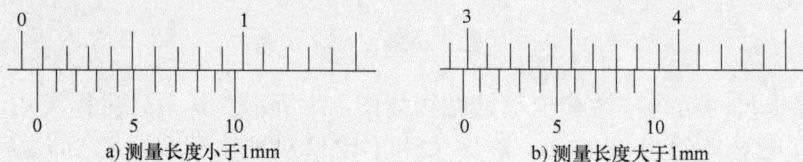

a) 测量长度小于1mm　　　　b) 测量长度大于1mm

图 4-9　游标卡尺的读数方法

游标卡尺的读数可用公式表示为

$$x = a + n/b$$

式中，x 为被测长度（mm）；a 为主标尺读数（mm）；n 表示游标尺上的第 n 条标尺标记与主标尺的标尺标记重合；b 为游标尺上的分度值（mm）。

（3）游标卡尺的用途

1）测量外径尺寸。

2）测量槽宽和孔径。

3）测量深度。

（4）使用游标卡尺时的注意事项

1）测量前，要首先明确游标卡尺的分度值。

2）测量时，应使测量爪轻轻夹住被测物，不要夹得过紧，然后用制动螺钉将游标尺固定，最后读数（不需要估读，即它的最后一位读数是准确的）。

3）测量物上被测距离的连线必须平行于主标尺。

（5）游标卡尺零误差的处理方法　用游标卡尺测量物体时，让测量爪并拢，如果主标尺和游标尺的零标尺标记没有对齐，则说明游标卡尺存在零误差。如果游标尺上的零标尺标记在主标尺上零标尺标记的右边，则称此时的读数为正误差；如果游标尺上的零标尺标记在主标尺上零标尺标记的左边，则称此时存在负误差，其值为读数减 1mm 即为测量值。使用存在零误差的游标卡尺测量尺寸时，应将最后的读数减去零误差。如图 4-10a 所示，游标卡尺的零误差为 0.4mm；如图 4-10b 所示，零误差为 0.8mm－1mm＝－0.2mm。

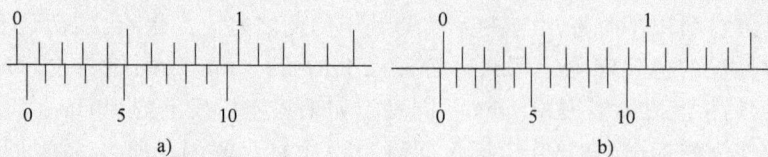

a)　　　　　　　　　　　b)

图　4-10

（6）游标卡尺的调零与维护

1）游标卡尺的调零。推动尺框使刀口外测量爪紧密贴合，应无明显的光隙，且主标尺零线与游标尺零线应对齐。

2）游标卡尺的维护。使用时要轻拿轻放，如果游标卡尺掉在地上或被撞击，应立即检查其各部分的相互作用是否符合要求，并校对其零位，如有损坏应送相关部门维修，不得自行拆卸。不准用油石、砂纸、砂布等硬物磨或擦游标卡尺的任何部位；用完游标卡尺后需用干净的棉布擦净并涂上防锈油，放入盒内固定位置，然后存放在干燥、无酸、无振动、无强磁力的地方；应定期检定游标卡尺，每年送计量检测站进行检定工作。

（7）课堂练习

1）如图 4-11 所示，用游标卡尺测量一根金属管的内径和外径时，分别得到图 4-11a、b 所示读数，则管壁的厚度是_____。

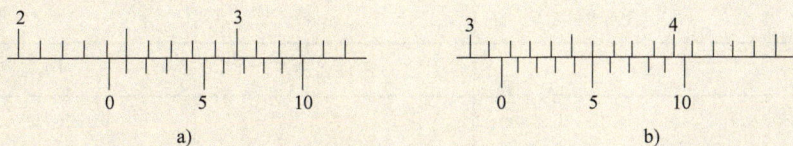

图 4-11 练习图 1

2）如图 4-12 所示，游标卡尺的游标尺上共有 20 个标尺间隔，则其测量的物体的长度为多少？

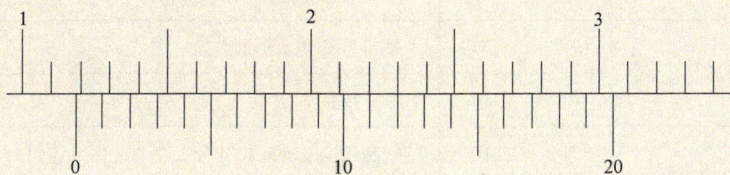

图 4-12 练习图 2

3）图 4-13 所示为用分度值为 0.02mm 的游标卡尺测量零件长度的示意图，则该零件的长度为多少？

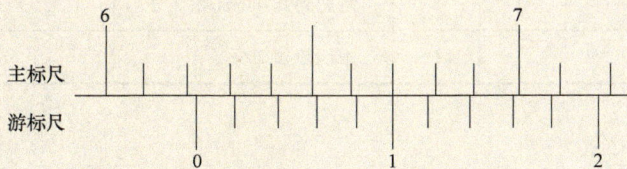

图 4-13 练习图 3

2. 程序输入与编辑

1）开机。

2）回参考点。

3）输入程序。

4）程序图形校验。

3. 零件的数控车削加工

1）主轴正转。

2）X 向对刀，Z 向对刀，设置工件坐标系。

3）设置相应刀具参数。

4）自动加工。

学习环节五　零件检测

1. 自检

学生使用游标卡尺对零件进行检测。

2. 填写零件质量检测结果报告单（见表4-11）

表 4-11　零件质量检测结果报告单

班级				姓名		学号		成绩
零件图号		图 4-1		零件名称		圆锥轴练习件		
序号	考核项目	考核内容		配分	评分标准	检测结果		得分
						学生	教师	
1	外圆	$\phi40_{-0.05}^{0}$ mm	IT	20	每超差 0.01mm 扣 5 分			
2			Ra	10	降一级扣 2 分			
3		$\phi30_{-0.08}^{-0.01}$ mm	IT	20	每超差 0.01mm 扣 5 分			
4			Ra	10	降一级扣 2 分			
5	锥度	1 : 4	IT	10	每超差 0.01mm 扣 3 分			
6			Ra	8	降一级扣 1 分			
7	长度	(20±0.1) mm	IT	8	每超差 0.05mm 扣 2 分			
8		70mm	IT	8	每超差 0.05mm 扣 2 分			
9	倒角	C1		6	未倒角扣 2 分			

3. 小组评价（见表4-12）

表 4-12　小组评价表

班级		零件名称	零件图号	小组编号
		圆锥轴练习件	图 4-1	
姓名	学号	表现	零件质量	排名

4. 填写考核结果报告单（见表 4-13）

表 4-13　考核结果报告单

班级		姓名		学号			成绩	
		零件图号	图 4-1	零件名称		圆锥轴练习件		
序号	项目	考核内容				配分	得分	项目成绩
1	零件质量 （40 分）	圆柱面				20		
		圆锥面				8		
		长度				12		
2	工艺方案制订 （20 分）	分析零件图工艺信息				4		
		确定加工工艺				4		
		选择刀具				4		
		选择切削用量				6		
		确定工件零点并绘制走刀路线图				2		
3	编程仿真 （15 分）	编制程序				4.5		
		仿真加工				10.5		
4	刀具、夹具、量具 的使用（10 分）	游标卡尺的使用				3		
		半径样板的使用				1		
		刀具的安装				3		
		工件的装夹				3		
5	安全文明生产 （10 分）	安全操作				5		
		机床整理				5		
6	团队协作（5 分）	团队配合情况				5		

学习环节六　学习评价

1. 加工质量分析报告（见表 4-14）

表 4-14　加工质量分析报告

班级		零件名称		零件图号	
		圆锥轴练习件		图 4-1	
姓名		学号		成绩	
超差形式			原　因		

2. 个人工作过程总结（见表 4-15）

表 4-15　个人工作过程总结

班级			零件名称		零件图号	
			圆锥轴练习件		图 4-1	
姓名		学号		成绩		

　　
　　
　　
　　
　　
　　
　　
　　
　　
　　

3. 小组总结报告（见表 4-16）

表 4-16　小组总结报告

班级			零件名称		零件图号	
			圆锥轴练习件		图 4-1	
姓名				组名		

　　
　　
　　
　　
　　
　　
　　
　　
　　
　　
　　
　　
　　

4. 小组成果展示（见表 4-17 和表 4-18）

注：附最终加工零件。

表 4-17　数控加工工序卡片

数控加工工序卡片	班级		工序名称		零件名称	零件图号	材料牌号	材料硬度
		工序号	程序号	加工车间	设备名称	设备型号	夹具名称	

工步号	工步内容	刀具号	刀具规格 /mm	量具	切削速度 /(m/min)	主轴转速 /(r/min)	进给量 /(mm/r)	进给速度 /(mm/min)	背吃刀量 /mm	进给次数	备注

编制	审核	批准	共　页　第　页

表 4-18　数控加工刀具卡片

班级		零件名称	零件图号		材料牌号	材料硬度
数控加工刀具卡片	工序号	设备名称	设备型号		夹具名称	
	程序号	加工车间				

工步号	刀具号	刀具名称	刀具参数/mm				偏置号		刀柄型号	备注
			刀具(尖)直(半)径	半径补偿量	长度(位置)补偿量	刀尖方位	半径	长度	刀具(片)材料	

编制	审核	批准	共　　页　第　　页

练习与思考

一、选择题

1. 程序是由多条指令组成的，每一条指令称为（　　）。
   A. 程序字　　　　　B. 地址字　　　　　C. 程序段
2. 程序结束并复位的指令是（　　）。
   A. M02　　　　　　B. M30　　　　　　C. M17
3. 数控车床几乎所有的辅助功能都是通过（　　）来控制的。
   A. 继电器　　　　　B. PLC　　　　　　C. 指令
4. 安排切削加工工序的原则通常是先粗后精、先面后孔、先主后次和（　　）。
   A. 先慢后快　　　　B. 基准面先行　　　C. 先外后内　　　　D. 先难后易
5. 以下可用作直线插补的准备功能指令是（　　）。
   A. G01　　　　　　B. G03　　　　　　C. G02　　　　　　D. G04
6. 主轴转速 n（r/min）与切削速度 v（m/min）的关系是（　　）。
   A. $n=\pi vD/1000$　　B. $n=1000\pi vD$　　C. $v=\pi nD/1000$　　D. $v=1000\pi nD$
7. 公称尺寸为 $\phi50$mm，上极限偏差为 +0.3mm，下极限偏差为 −0.1mm，则在程序中应以尺寸（　　）mm 编入。
   A. $\phi50.3$　　　　B. $\phi50.2$　　　　C. $\phi50$　　　　　D. $\phi50.1$
8. 选择加工表面的设计基准作为定位基准的原则称为（　　）原则。
   A. 基准重合　　　　B. 基准统一　　　　C. 自为基准　　　　D. 互为基准
9. （　　）是一种结构简单、使用方便、具有中等精度的量具。
   A. 游标卡尺　　　　B. 千分尺　　　　　C. 游标万能角度尺
10. 在程序段 G71 U2 R0.5 P1 Q2 X0.5 Z0.1 F0.3 中，U 的含义是（　　）。
    A. 每次背吃刀量　　B. 退刀量　　　　　C. 精加工余量

二、判断题

1. 同一工件，无论是用数控车床加工还是用普通车床加工，其工序都一样。（　　）
2. 粗车时，选择切削用量的顺序是切削速度、进给量、背吃刀量。（　　）
3. 编程坐标系是编程人员在编程过程中使用的坐标系，它与机床坐标系相同。（　　）
4. 数控车床的插补过程，实际上是用微小的直线段来逼近曲线的过程。（　　）
5. 用华中数控系统编程时，在同一个程序段中，既可以用绝对坐标，又可以用增量坐标。（　　）
6. 用自定心卡盘夹持工件进行车削，属于完全定位。（　　）
7. 背吃刀量是已加工表面与待加工表面之间的垂直距离。（　　）
8. 机夹可转位车刀由刀柄、刀片、刀垫和夹紧机构组成。（　　）
9. 螺纹车刀属于成形车刀。（　　）
10. 在"进给保持"状态下，可以对机床进行任何手动操作。（　　）

三、简答题

1. 机械原点是什么？
2. 数控车削的切削用量有哪些？
3. 数控车削加工工艺路线的主要内容有哪些？

　　加工图 5-1 所示的球面练习件。已知毛坯材料为 2A12，毛坯尺寸为 $\phi45mm\times100mm$，棒料。要求制订零件的加工工艺方案，编写数控加工程序，先在仿真软件中进行虚拟加工，然后在数控车床上进行实际加工，最后对零件进行检测和评价。

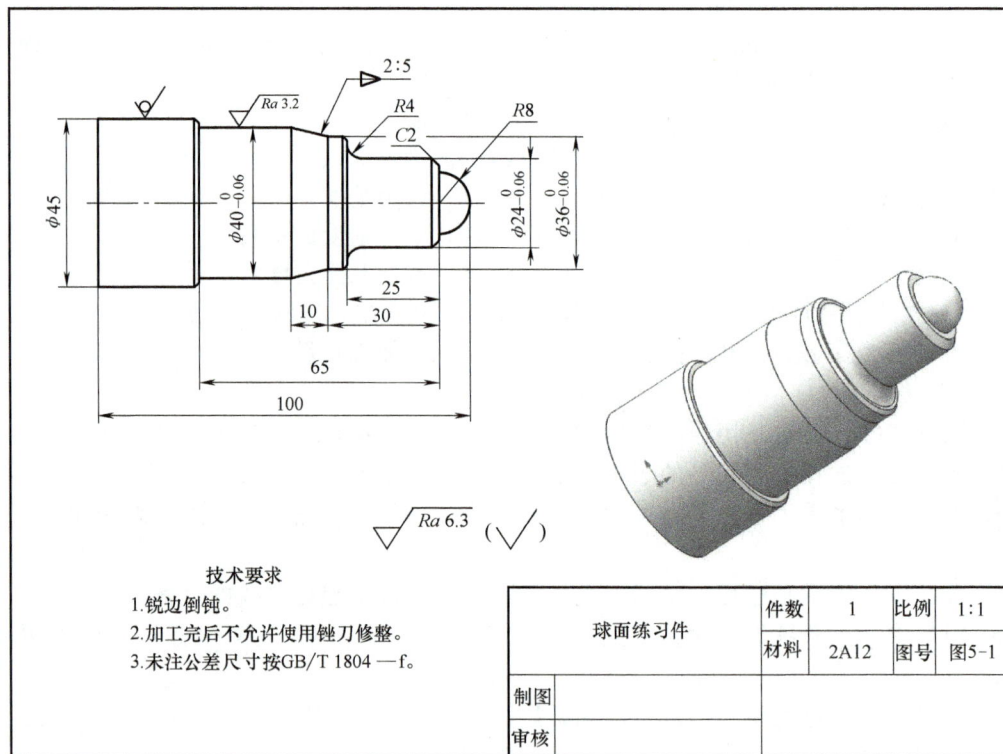

图 5-1　球面练习件

1）能够制订球面练习件的加工工艺方案。

2）能够编制球面练习件的数控加工程序并能在仿真软件中进行虚拟加工。

3）能将零件正确地装夹在自定心卡盘上。

4）能将外圆车刀正确地安装在刀架上。

5）能正确地使用 CK6140 数控车床完成球面练习件的加工。

6）能正确地使用游标卡尺、半径样板等对球面练习件进行检测。

7）能正确地对零件进行评价并分析超差原因。

学习环节一　制订工艺方案

1. 分析零件图工艺信息

教师布置工作任务，学生提出问题，教师解答，学生填写零件图工艺信息分析卡片，见表 5-1。

表 5-1　零件图工艺信息分析卡片

班级		姓名	学号	成绩
零件图号	图 5-1	零件名称	球面练习件	材料牌号	2A12

分析内容	分析理由
形状、尺寸大小	该零件的加工面由端面、外圆柱面、倒角面、圆锥面、台阶面及球面组成，其形状比较简单，是较典型的短轴类零件。因此，可选择现有设备 CK6140 数控车床进行加工，刀具选择 1~2 把外圆车刀即可
结构工艺性	该零件的结构工艺性好，便于装夹、加工。因此，可选用标准刀具进行加工
几何要素、尺寸标注	该零件轮廓几何要素定义完整，尺寸标注符合数控加工要求，有统一的设计基准，且便于加工、测量
尺寸精度、表面粗糙度	外圆柱面 $\phi40_{-0.06}^{0}$ mm、$\phi36_{-0.06}^{0}$ mm、$\phi24_{-0.06}^{0}$ mm 的尺寸精度要求较高，表面粗糙度值最低为 $Ra3.2\mu m$，其余为 $Ra6.3\mu m$。由于尺寸精度和表面质量要求不太高，因此，可以采用先粗车、再精车的加工方案
材料及热处理	该零件所用材料为 2A12，属易切削金属材料。因此，刀具材料选择硬质合金或涂层刀具材料均可，加工时不宜选择过大的切削用量，切削过程中可不加切削液
其他技术要求	要求锐角倒钝，故编程时在锐角处安排 $C1$ 的倒角
生产类型、定位基准	生产类型为单件生产，因此，应按单件小批生产类型制订工艺规程，定位基准可选择外圆表面

※问题记录：

_____

_____

2. 确定加工工艺

小组讨论并填写加工工艺卡片，见表 5-2。

表 5-2　加工工艺卡片

班级		姓名		学号		成绩	
		零件图号			零件名称	使用设备	场地
		图 5-1			球面练习件	CK6140 数控车床	数控加工 实训中心
程序号	O0050	材料牌号			2A12	数控系统	FANUC Series 0i Mate-TD
工步号	工步内容	确定理由			量具选用		备注
					名称	量程/mm	
1	车端面	车平端面,建立长度基准,保证工件长度要求。车削完的端面在后续加工中不需要再加工			0.02mm 游标卡尺	0~150	手动
2	粗车各外圆表面	在较短时间内去除毛坯大部分余量,满足精车余量均匀性要求			0.02mm 游标卡尺	0~150	自动
3	精车各外圆表面	保证零件加工精度,按图样尺寸一刀连续加工出零件轮廓			0.02mm 游标卡尺	0~150	自动

※小组讨论:

_____

_____

3. 选择刀具

教师提出问题,学生查阅资料并填写刀具卡片,见表 5-3。

数控车床一般均使用机夹可转位车刀。该零件材料为硬铝,对刀片材料无特殊要求,选择常用的涂层硬质合金刀片即可。机夹可转位车刀所使用的刀片为标准角度,由于涉及球面的加工,故选择菱形刀片,刀尖角为80°,粗、精车外圆刀具的主偏角为93°,刀尖圆弧半径为 0.4mm,如图 5-2 所示。

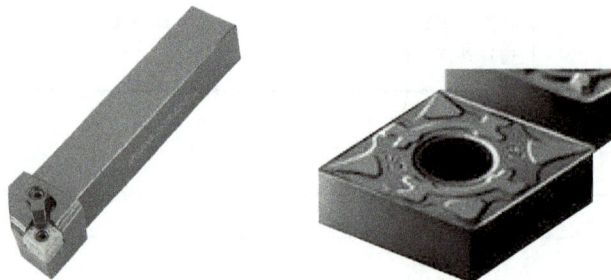

图 5-2　外圆车刀及刀片

表 5-3　刀具卡片

班级		姓名		学号		成绩
		零件图号	图 5-1	零件名称		球面练习件
工步号	刀具号	刀具名称	刀具参数			刀片材料	偏置号	刀柄型号 /（mm×mm）

工步号	刀具号	刀具名称	刀尖圆弧半径/mm	刀尖方位	刀片型号	刀片材料	偏置号	刀柄型号 /（mm×mm）
1	T01	93°外圆车刀	0.4	3	DCMT11T304-HF	涂层硬质合金		SDJCR2020K11 （20×20）
2	T01	93°外圆车刀	0.4	3	DCMT11T304-HF	涂层硬质合金	01	SDJCR2020K11 （20×20）
3	T01	93°外圆车刀	0.4	3	DCMT11T304-HF	涂层硬质合金	01	SDJCR2020K11 （20×20）

※问题记录：

_____

_____

4. 选择切削用量

小组讨论，学生查阅资料并填写切削用量卡片。

（1）粗加工　首先取 $a_p = 1$mm，其次取 $f = 0.2$mm/r，最后取 $v_c = 120$m/min。根据公式 $n = \dfrac{1000v_c}{\pi d}$ 计算并选取主轴转速 $n = 1000$r/min，根据公式 $v_f = fn$ 计算出进给速度 $v_f = 200$mm/min，填入表 5-4 中。

（2）精加工　首先取 $a_p = 0.3$mm，其次取 $f = 0.08$mm/r，最后取 $v_c = 200$m/min。根据公式 $n = \dfrac{1000v_c}{\pi d}$ 计算并选取主轴转速 $n = 1500$r/min，根据公式 $v_f = fn$ 计算出进给速度 $v_f = 120$mm/min，填入表 5-4 中。

表 5-4　切削用量卡片

班级			姓名		学号	成绩
			零件图号	图 5-1	零件名称	球面练习件
工步号	刀具号	切削速度 v_c/（m/min）	主轴转速 n/（r/min）	进给量 f/（mm/r）	进给速度 v_f/（mm/min）	背吃刀量 a_p/mm
2	T01	120	1000	0.2	200	1
3	T01	200	1500	0.08	120	0.3

※小组讨论：

_____

_____

5. 确定工件零点并绘制走刀路线图

填写数控加工走刀路线图卡片，见表 5-5。

表 5-5 数控加工走刀路线图卡片

数控加工走刀路线图			
机床型号：CK6140	系统型号：FANUC Series 0i Mate-TD	零件图号：图 5-1	加工内容：粗、精车外圆各表面
工步号	2、3	程序号	O0050

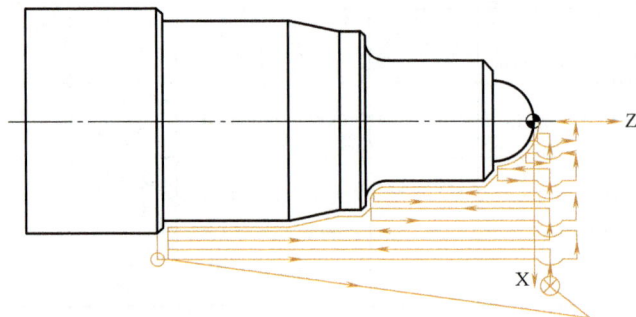

含义	抬刀	下刀	编程原点	起刀点	走刀方向	走刀线相交	爬斜坡	铰孔	行切
符号	⊕	⊗							
编程			校对			审批		共 页	第 页

※注意的问题：

_____

_____

6. 数学处理

该零件主要尺寸的程序设定值一般取图样尺寸的中值，如 $\phi 24_{-0.06}^{0}$ mm 的编程尺寸为 $\phi 23.97$ mm。

7. 工艺分析

装夹工件左端，粗、精车其外径 $R8$mm、$\phi 24$mm、$\phi 36$mm、$\phi 40$mm，长度 25mm、30mm、10mm、65mm，达到图样要求尺寸并倒角 $C2$。

学习环节二　数控加工知识学习

1. 圆弧插补指令（G02、G03）

圆弧插补指令用于使刀具沿圆弧运动，切出圆弧轮廓。G02 为顺时针圆弧插补指令，G03 为逆时针圆弧插补指令。

指令格式为：

G02 IP＿ I＿ K＿ F＿；或 G02 IP＿ R＿ F＿；

G03 IP＿ I＿ K＿ F＿；或 G03 IP＿ R＿ F＿；

表 5-6 列出了 G02、G03 程序段中各指令的含义。

表 5-6 G02、G03 程序段中各指令的含义

考虑的因素	指令	含义
回转方向	G02	刀具轨迹按顺时针圆弧插补
	G03	刀具轨迹按逆时针圆弧插补
终点位置 IP	X、Z（U、W）	工件坐标系中圆弧终点的 X、Z（U、W）值
从圆弧起点到圆弧中心的距离	I、K	I：圆弧中心相对于圆弧起点的 X 坐标增量 K：圆弧中心相对于圆弧起点的 Z 坐标增量
圆弧半径	R	圆弧半径，取圆心角小于 180° 的圆弧部分

相关知识点：

1）圆弧顺、逆时针方向的判断。沿与圆弧所在平面（XZ）垂直的另一坐标轴（Y 轴）由正向负看去，从起点到终点的运动轨迹为顺时针时使用 G02 指令；反之，则使用 G03 指令，如图 5-3 所示。

2）X、Z（U、W）代表圆弧终点坐标。

3）到圆弧中心的距离不用 I、K 指定，可以用半径 R 指定。当 I、K 和 R 同时被指定时，R 优先，I、K 无效。

图 5-3 圆弧顺、逆时针方向的判断

4）I0、K0 可以省略。

5）若省略 X、Z（U、W），则表示终点与起点是在同一位置，此时使用 I、K 指定中心时，变成了指定 360° 的圆弧（整圆）。

6）当圆弧在多个象限中时，该指令可以连续执行。

7）在圆弧插补程序段中不能有刀具功能（T）指令。

8）使用圆弧半径 R 指令时，指定的是圆心角小于 180° 的圆弧。

9）用 R 指定圆心角接近于 180° 的圆弧时，圆弧中心位置的计算会出现误差，此时应用 I、K 指定圆弧中心。

例 5-1 编制图 5-4 所示圆弧的顺时针圆弧插补指令。

（I、K）指令：G02 X50 Z−20 I25 K0 F0.5；

G02 U20 W−20 I25 F0.5；

（R）指令：G02 X50 Z−20 R25 F0.5；

G02 U20 W−20 R25 F0.5；

例 5-2 编制图 5-5 所示圆弧的逆时针圆弧插补指令。

（I、K）指令：G03 X50 Z−20 I−15 K−20 F0.5；

G03 U20 W−20 I−15 K−20 F0.5；

（R）指令：G03 X50 Z−20 R25 F0.5；

G03 U20 W−20 R25 F0.5；

2. 复合切削循环指令（G71、G70）

（1）**外径、内径粗车循环指令**（G71） 使用该指令时只需指定精加工路线，系统会自

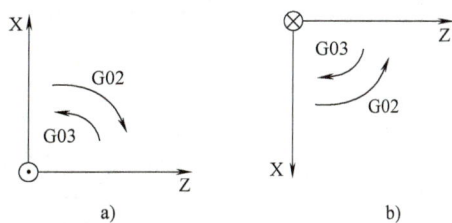

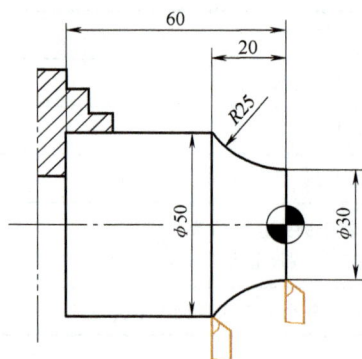

图 5-4 顺时针圆弧插补

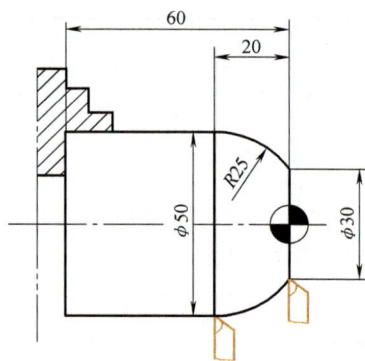

图 5-5 逆时针圆弧插补

动给出粗加工路线，适用于棒料毛坯的车削，如图 5-6 所示。

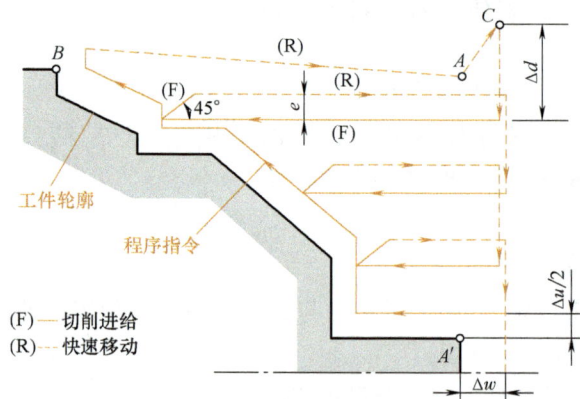

图 5-6 外径、内径粗车循环指令（G71）

指令格式：

G71 U（Δd） R（e）；

G71 P（ns） Q（nf） U（Δu） W（Δw） F（f） S（s） T（t）；

N（ns）⋯

f

s

t

⋮

N（nf）⋯

$A \rightarrow C \rightarrow A' \rightarrow B$ 的精加工指令，由顺序号 $ns \sim nf$ 之间的程序来指定，精加工路线的每条指令都必须带行号

Δd：每次切削深度，无符号，切削方向由 AA' 方向决定。由半径值指定且为模态值，在下次指定前均有效。

e：退刀量，为模态值，在下次指定前均有效。

ns：指定精加工路线的第一个程序段的顺序号。

nf：指定精加工路线的最后一个程序段的顺序号。

Δu：X 方向上精加工余量的距离及方向（由直径/半径值指定）。

Δw：Z 方向上精加工余量的距离及方向。

f、s、t：在 G71 循环中，顺序号 $ns \sim nf$ 之间程序段中的 F、S、T 功能都无效，全部忽略；仅在有 G71 指令的程序段中，F、S、T 功能才是有效的。

（2）精加工循环指令（G70）　执行 G71、G72、G73 粗加工循环指令以后的精加工循环。在 G70 指令程序段内，要指定精加工程序第一个程序段的顺序号和最后一个程序段的顺序号。指令格式为：

G70 P（ns）　Q（nf）；

ns：精加工路线的第一个程序段的顺序号。

nf：精加工路线的最后一个程序段的顺序号。

学习环节三　数控加工程序编制和仿真加工

1. 编制程序清单（见表 5-7）

表 5-7　数控加工程序清单（O0050）

数控加工程序清单			零件图号	零件名称
姓名	学号	成绩	图 5-1	球面练习件
程序号	O0050		工步及刀具	说明
O0050; T0101; M03 S1000; G00 G42 X47 Z2; G71 U1 R1; G71 P1 Q2 U0.3 F0.2; N1 G00 X0; G01 Z0; G03 X16 Z-8 R8; G01 X20; X24 W-2; Z-21; G02 X32 W-4 R4; G01 Z-33; X40 W-10; Z-65; N2 X46; G00 G40 X100; Z100; T0101; M03 S1500; G00 G42 X47 Z2; G70 U1 R1 F0.08; G0 G40 X100; Z100; M30;			粗车外圆各表面 T0101 精车外圆各表面 T0101	加工前先设置相应刀具参数 加工结束后进行尺寸修调

2. 仿真加工

1）打开 vnuc3.0 数控加工仿真与远程教学系统，并选择机床。

2）设置机床回零点。

3）选择毛坯、材料、夹具，装夹工件。

4）安装刀具。

5）建立工件坐标系。

6）上传数控加工程序。

7）自动加工。

仿真加工后的工件如图 5-7 所示。

图 5-7　仿真加工后的工件

学习环节四　实际加工

1. 准备毛坯、刀具、工具、量具

1）将 $\phi45mm \times 100mm$ 的棒料毛坯正确地装夹在自定心卡盘上。

2）将 93°外圆车刀正确地安装在刀架 1 号刀位上。

3）正确摆放所需工具、量具。

学习测量工具

（1）千分尺的结构　如图 5-8 所示，尺架 1 的左端有测砧 2，右端是表面上有标尺标记的固定套管 4，里面是带有内螺纹（螺距为 0.5mm）的衬套 6。测微螺杆 8 右面的螺纹可沿此内螺纹回转，并用轴套 5 定心。在固定套管 4 的外面是有标尺标记的微分筒 7，它通过锥孔与测微螺杆 8 右端的锥体相连。测微螺杆 8 转动时的松紧程度可用螺母 14 调节。转动锁紧装置 3，通过偏心锁紧可使测微螺杆 8 固定不动。松开罩壳 9，可使测微螺杆 8 与微分筒 7 分离，以便调整零线位置。棘轮盘 12 通过螺钉 13 与罩壳 9 连接，转动棘轮盘 12，测微螺杆 8 就会移动。当测微螺杆 8 的左端面接触工件时，棘轮盘 12 在棘爪销 11 的斜面上打滑，测微螺杆 8 就停止前进。由于弹簧 10 的作用，使棘轮盘 12 在棘爪销 11 斜面上滑动时发出"咔咔"声。如果棘轮盘 12 反方向转动，则拨动棘爪销 11、微分筒 7 转动，使测微螺杆 8 向右移动。

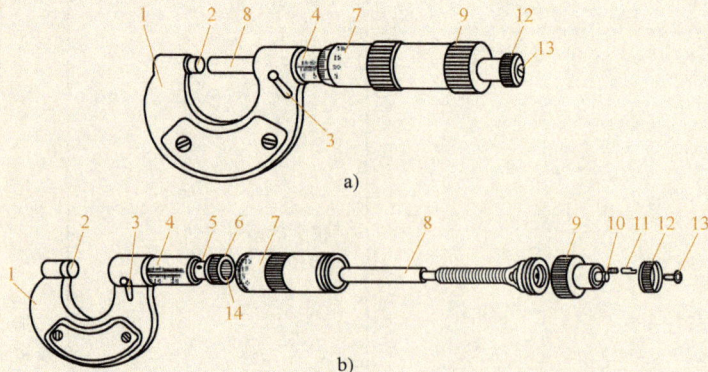

a)

b)

图 5-8　千分尺的结构

1—尺架　2—测砧　3—锁紧装置　4—固定套管　5—轴套　6—衬套　7—微分筒　8—测微螺杆
9—罩壳　10—弹簧　11—棘爪销　12—棘轮盘　13—螺钉　14—螺母

（2）千分尺的分度原理及读数方法

1）千分尺的分度原理。千分尺的固定套管在轴线方向上刻有一条中线（基准线），上、下两排标尺标记互相错开 0.5mm，即主标尺。微分筒左端圆周上刻有 50 等分的标尺标记，即副标尺。测微螺杆右端螺纹的螺距为 0.5mm，当微分筒转一周时，测微螺杆就移动 0.5mm。因此，微分筒每转一格，测微螺杆就移动 0.5mm/50＝0.01mm。

2）千分尺的读数方法。被测工件的尺寸＝副标尺所指的主标尺上的整数（应为 0.5mm 的整倍数）＋主标尺中线所指副标尺的格数×0.01mm（再估读一位），如图 5-9 所示。

注意：读数时，要防止读错 0.5mm，也就是要防止在主标尺上多读半格或少读半格（0.5mm）。

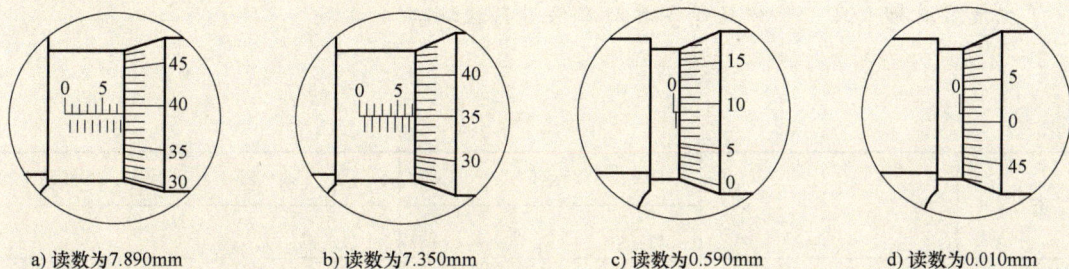

a) 读数为7.890mm　　b) 读数为7.350mm　　c) 读数为0.590mm　　d) 读数为0.010mm

图 5-9　千分尺的读数方法

3）使用千分尺时的注意事项

① 使用前，应先擦净测量面和测微螺杆端面，检查并调整零位。对于测量范围为 0～25mm 的千分尺，可转动棘轮，使测量面和测微螺杆端面贴平，当棘轮发出响声后，停止转动棘轮，观察微分筒上的零线和固定套管上的基准线是否对正，如果不对正，则需进行调整。测量范围为 25～50mm、50～75mm、75～100mm 的千分尺可用标准样柱进行检查，如图 5-10 所示。

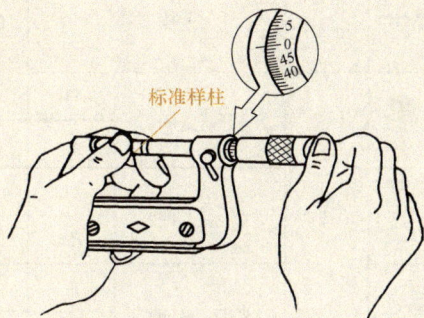

标准样柱

图 5-10　千分尺测量工件前的检查

② 测量时，左手握住尺架，用右手旋转微分筒，当测微螺杆即将接触工件时，改为旋转棘轮，直到棘轮发出"咔咔"声。

③ 从千分尺上读取尺寸，可在工件未取下前进行，读完后先松开千分尺，再取下工件；也可将千分尺用锁紧装置锁紧后，把工件取下后读数。

④ 千分尺只适合测量精确度较高的尺寸，不能测量毛坯面，更不能在工件转动时进行测量。

2. 程序输入与编辑

1）开机。

2）回参考点。

3）输入程序。

4）程序图形校验。

3. 零件的数控车削加工

1）主轴正转。

2）X 向对刀，Z 向对刀，设置工件坐标系。

3）设置相应刀具参数。

4）自动加工。

学习环节五　零件检测

1. 自检

学生使用游标卡尺、千分尺等量具对零件进行检测。

2. 填写零件质量检测结果报告单（见表 5-8）

表 5-8　零件质量检测结果报告单

班级			姓名		学号		成绩
零件图号		图 5-1		零件名称		球面练习件	

序号	考核项目	考核内容		配分	评分标准	检测结果		得分
						学生	教师	
1	圆柱面	$\phi24_{-0.06}^{0}$mm	IT	8	每超差 0.01mm 扣 2 分			
			Ra	4	降一级扣 2 分			
2		$\phi40_{-0.06}^{0}$mm	IT	8	每超差 0.01mm 扣 2 分			
			Ra	4	降一级扣 2 分			
3		$\phi36_{-0.06}^{0}$mm	IT	8	每超差 0.01mm 扣 2 分			
			Ra	4	降一级扣 2 分			
4	圆锥面	锥度 2∶5	IT	8	每超差 0.01mm 扣 2 分			
			Ra	4	降一级扣 2 分			
5	长度	25mm	IT	6	每超差 0.01mm 扣 2 分			
6		30mm	IT	6	每超差 0.01mm 扣 2 分			
7		65mm	IT	6	每超差 0.01mm 扣 2 分			
8		10mm	IT	6	每超差 0.01mm 扣 2 分			
9		100mm	IT	6	每超差 0.01mm 扣 2 分			
10	圆弧面	R8mm	IT	8	每超差 0.01mm 扣 2 分			
			Ra	3	降一级扣 2 分			
11		R4mm	IT	8	每超差 0.01mm 扣 2 分			
			Ra	3	降一级扣 2 分			

3. 小组评价（见表 5-9）

表 5-9　小组评价表

班级		零件名称	零件图号	小组编号
		球面练习件	图 5-1	
姓名	学号	表现	零件质量	排名

4. 填写考核结果报告单（见表 5-10）

表 5-10　考核结果报告单

班级		姓名		学号		成绩	
		零件图号	图 5-1	零件名称		球面练习件	
序号	项目	考核内容		配分	得分	项目成绩	
1	零件质量 （40 分）	圆柱面		20			
		圆锥面		4			
		长度		12			
		圆弧面		4			
2	工艺方案制订 （20 分）	分析零件图工艺信息		6			
		确定加工工艺		6			
		选择刀具		3			
		选择切削用量		3			
		确定工件零点并绘制走刀路线图		2			
3	编程仿真 （15 分）	程序编制		6			
		仿真加工		9			
4	刀具、夹具、 量具的使用 （10 分）	千分尺的使用		5			
		刀具的安装		3			
		工件的装夹		2			
5	安全文明生产 （10 分）	按要求着装		2			
		操作规范，无操作失误		5			
		认真维护机床		3			
6	团队协作 （5 分）	能与小组成员和谐相处，互相学习，互相帮助		5			

学习环节六　学习评价

1. 加工质量分析报告（见表 5-11）

表 5-11　加工质量分析报告

班级		零件名称		零件图号	
		球面练习件		图 5-1	
姓名		学号		成绩	
超差形式			原　因		

2. 个人工作过程总结（见表 5-12）

表 5-12　个人工作过程总结

班级		零件名称		零件图号	
		球面练习件		图 5-1	
姓名		学号		成绩	

3. 小组总结报告（见表 5-13）

表 5-13　小组总结报告

班级		零件名称	零件图号
		球面练习件	图 5-1
姓名		组名	

_____

_____

_____

_____

_____

_____

_____

_____

_____

_____

_____

_____

_____

_____

_____

_____

_____

_____

4. 小组成果展示（见表 5-14 和表 5-15）

注：附最终加工零件。

表 5-14 数控加工工序卡片

班级		数控加工工序卡片		零件名称		零件图号		材料牌号		材料硬度	
	工序名称	程序号	加工车间	设备名称	设备型号				夹具名称		
工步号	工步内容	刀具号	刀具规格/mm	量具	切削速度/(m/min)	主轴转速/(r/min)	进给量/(mm/r)	进给速度/(mm/min)	背吃刀量/mm	进给次数	备注
编制		审核		批准				共　页		第　页	

表5-15　数控加工刀具卡片

班级	数控加工刀具卡片			零件名称		零件图号		材料牌号		材料硬度
工序名称	工序号	程序号	加工车间	设备名称		设备型号		夹具名称		

工步号	刀具号	刀具名称	刀具参数/mm				刀具(片)材料	偏置号		刀柄型号	备注
			刀具(头)直(半)径	半径补偿量	长度(位置)补偿量	刀头方位		半径	长度		

编制	审核	批准	共　　页　　第　　页

练习与思考

一、选择题

1. 车外圆时，切削速度计算公式中的直径 D 指（ ）直径。

A. 待加工表面　　　　B. 加工表面　　　　C. 已加工表面

2. 一般数控车床 X 轴的脉冲当量是 Z 轴脉冲当量的（ ）。

A. 1/2　　　　　　　B. 相等　　　　　　C. 2 倍

3. 加工零件时，将其尺寸控制到（ ）最为合理。

A. 公称尺寸　　　　B. 上极限尺寸　　　C. 下极限尺寸　　　D. 平均尺寸

4. 由于定位基准和设计基准不重合而产生的加工误差，称为（ ）。

A. 基准误差　　　　B. 位移误差　　　　C. 不重合误差

5. 指令 G02 X ＿ Y ＿ R 不能用于加工（ ）。

A. 1/4 圆　　　　　B. 3/4 圆　　　　　C. 整圆

6. 选择刀具起始点时，应考虑（ ）。

A. 防止刀具与工件或夹具干涉碰撞　　　　B. 方便刀具安装和测量

C. 每把刀具的刀尖在起始点重合

7. 编程时设定在工件轮廓上的几何基准点称为（ ）。

A. 机床原点　　　B. 工件原点　　　C. 对刀点

8. 检验程序正确性的方法不包括（ ）法。

A. 空运行　　　　　B. 图形动态模拟　　　C. 自动校正

9. 下列有关表面粗糙度的说法不正确的是（ ）。

A. 表面粗糙度是指加工表面上所具有的较小间距和峰谷所组成的微观几何形状特性

B. 表面粗糙度不会影响机器的工作可靠性和使用寿命

C. 表面粗糙度实质上是一种微观的几何形状误差

二、判断题

1. 数控车床的进给方式分为每分钟进给和每转进给两种，一般可用 G94 和 G95 来区分。　　　　　　　　　　　　　　　　　　　　　　　　　　　　　　（　　）

2. 进给功能一般用来指定机床主轴的转速。　　　　　　　　　　　　　（　　）

3. 表面粗糙度值为 $Ra3.2\mu m$ 的工件，用眼睛可分辨出有模糊的刀痕。　（　　）

4. M00 指令属于准备功能指令，其含义是主轴停转。　　　　　　　　（　　）

5. 编制数控程序时一般以机床坐标系为编程依据。　　　　　　　　　（　　）

6. 数控车床适合加工轮廓形状特别复杂或难以控制尺寸的回转体类零件、箱体类零件、特殊螺旋类零件等。　　　　　　　　　　　　　　　　　　　　　　　　（　　）

7. 在应用刀具长度补偿过程中，如果缺少刀具补偿号，则程序运行时会出现报警。
　　　　　　　　　　　　　　　　　　　　　　　　　　　　　　　　（　　）

8. 数控车床上宜采用机夹式车刀。　　　　　　　　　　　　　　　　　（　　）

9. 在数控系统中，F 地址字只能用来表示进给速度。　　　　　　　　（　　）

三、简答题

1. 车削球面时，如果车刀装得不对准工件旋转中心，对加工质量有什么影响？

2. 简述千分尺的使用方法。

3. 粗车与精车的工艺特点有何区别？

项目六 凹圆练习件的编程及车削加工

工作任务描述

加工图 6-1 所示的凹圆练习件。已知毛坯材料为 2A12，毛坯尺寸为 $\phi45\text{mm}\times100\text{mm}$，棒料。要求制订零件加工工艺方案，编写数控加工程序，先在仿真软件中进行虚拟加工，然后在数控车床上进行实际加工，最后对零件进行检测和评价。

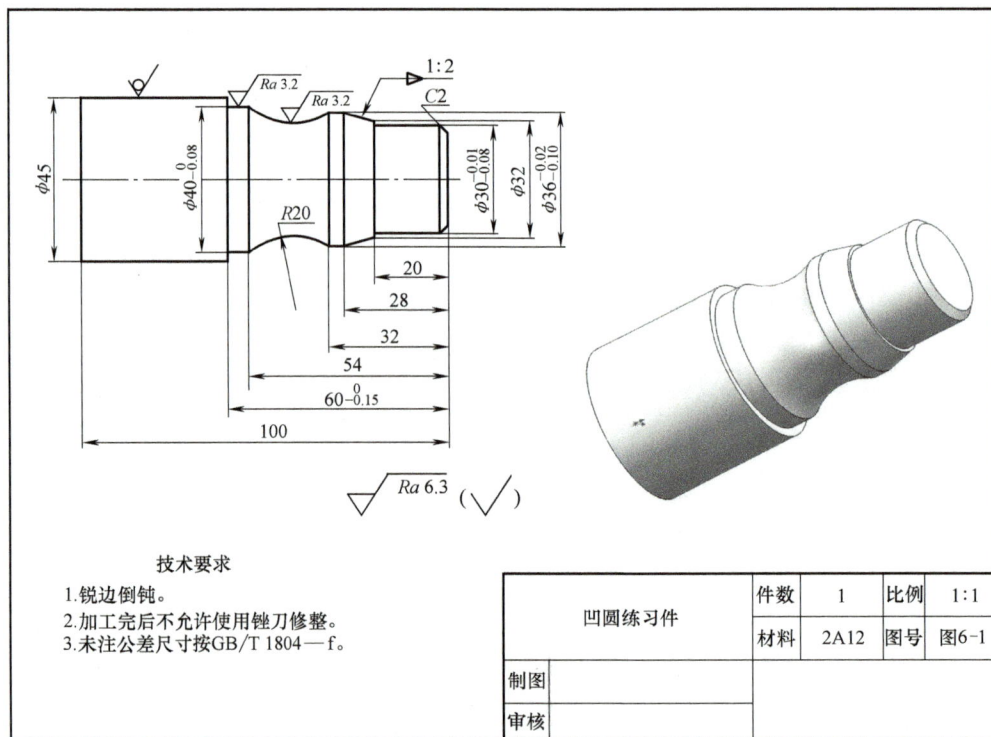

图 6-1　凹圆练习件

技术要求

1. 锐边倒钝。
2. 加工完后不允许使用锉刀修整。
3. 未注公差尺寸按GB/T 1804—f。

凹圆练习件	件数	1	比例	1:1
	材料	2A12	图号	图6-1
制图				
审核				

学习目标

1）能够正确制订凹圆练习件的加工工艺方案。

2）能够正确编制凹圆练习件的数控加工程序并在仿真软件中进行虚拟加工。

3）能将零件正确地装夹在自定心卡盘上。

4）能将外圆车刀正确地安装在刀架上。

5）能正确地使用 CK6140 数控车床加工凹圆练习件。

6）能正确地使用量具对凹圆练习件进行检测。

7）能对零件进行质量评价并分析超差原因。

学习环节一　制订工艺方案

1. 分析零件图工艺信息

教师布置工作任务，学生提出问题，教师解答，学生填写零件图工艺信息分析卡片，见表 6-1。

表 6-1　零件图工艺信息分析卡片

班级		姓名	学号	成绩
零件图号	图 6-1	零件名称	凹圆练习件	材料牌号	2A12

分析内容	分析理由
形状、尺寸大小	该零件的加工面由端面、外圆柱面、倒角面、圆锥面、台阶面及凹圆弧面组成，其形状比较简单，是较典型的短轴类零件。因此，可选择现有设备 CK6140 数控车床进行加工，刀具选择 1~2 把外圆车刀即可
结构工艺性	该零件的结构工艺性好，便于装夹、加工。因此，可选用自定心卡盘装夹，用标准刀具进行加工
几何要素、尺寸标注	该零件轮廓几何要素定义完整，尺寸标注符合数控加工要求，有统一的设计基准，且便于加工、测量
尺寸精度、表面粗糙度	外圆柱面 $\phi 30_{-0.08}^{-0.01}$ mm、$\phi 36_{-0.10}^{-0.02}$ mm、$\phi 40_{-0.08}^{0}$ mm，长度 $60_{-0.15}^{0}$ mm 的尺寸精度要求较高；表面粗糙度值最低为 $Ra3.2\mu m$，其余为 $Ra6.3\mu m$。因此，可采用先粗车、再精车的加工方案
材料及热处理	零件材料为 2A12，无热处理要求，属易切削金属材料。因此，刀具材料选择硬质合金或涂层刀具材料均可，加工时不宜选择过大的切削用量，切削过程中可不加切削液
其他技术要求	要求锐角倒钝，故编程时在锐角处安排 $C1$ 的倒角
生产类型、定位基准	生产类型为单件生产，因此，应按单件小批生产类型制订工艺规程，定位基准可选择外圆表面

※问题记录：

_____

_____

2. 确定加工工艺

小组讨论并填写加工工艺卡片，见表 6-2。

表 6-2 加工工艺卡片

班级		姓名		学号		成绩	
		零件图号		零件名称	使用设备	场地	
		图 6-1		凹圆练习件	CK6140数控车床	数控加工实训中心	
程序号	O0060	材料牌号		2A12	数控系统	FANUC Series 0i Mate-TD	
工步号	工步内容	确定理由		量具选用		备注	
				名称	量程/mm		
1	车端面	车平端面,建立长度基准,保证工件长度要求。车削完的端面在后续加工中不需要再加工		0.02mm游标卡尺	0~150	手动	
2	粗车各外圆表面	在较短时间内去除毛坯大部分余量,满足精车余量均匀性要求		0.02mm游标卡尺	0~150	自动	
3	精车各外圆表面	保证零件加工精度,按图样尺寸一刀连续加工出零件轮廓		0.02mm游标卡尺	0~150	自动	

※小组讨论:

_____

_____

3. 选择刀具

教师提出问题,学生查阅资料并填写刀具卡片,见表 6-3。

表 6-3 刀具卡片

工步号	刀具号	刀具名称	刀具参数			刀片材料	偏置号	刀柄型号/(mm×mm)
			姓名		学号		成绩	
班级								
			零件图号	图 6-1	零件名称	凹圆练习件		
			刀尖圆弧半径/mm	刀尖方位	刀片型号			
1	T02	35°外圆车刀	0.4	3	DCMT11T304-HF	涂层硬质合金	02	SDJCR2020K11（20×20）
2	T02	35°外圆车刀	0.4	3	DCMT11T304-HF	涂层硬质合金	02	SDJCR2020K11（20×20）

数控车床一般均使用机夹可转位车刀。本零件材料为硬铝,对刀片材料无特殊要求,选择常用的涂层硬质合金刀片即可。由于涉及凹圆的加工,需考虑刀具副偏角与已加工表面之

间的干涉，因此，重点在于刀片形状的选择。机夹可转位车刀所使用的刀片为标准角度，本例应选择刀尖角为35°的菱形刀片。粗车外圆刀具的主偏角为93°，刀尖圆弧半径为0.4mm，由于该零件的表面质量要求不高，故粗、精加工使用一把刀具即可，如图6-2所示。

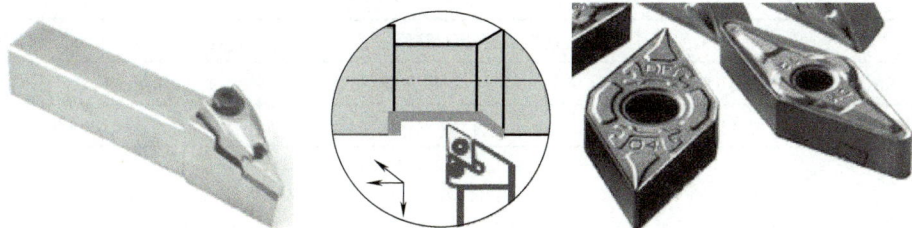

图 6-2　数控车刀及刀片

4. 选择切削用量

小组讨论，学生查阅资料并填写切削用量卡片。

（1）粗加工　首先取 $a_p = 1$mm，其次取 $f = 0.2$mm/r，最后取 $v_c = 120$m/min。根据公式 $n = \dfrac{1000v_c}{\pi d}$ 计算并选取主轴转速 $n = 1000$r/min，根据公式 $v_f = fn$ 计算出进给速度 $v_f = 200$mm/min，填入表6-4中。

※问题记录：

_____

_____

（2）精加工　首先取 $a_p = 0.3$mm，其次取 $f = 0.08$mm/r，最后取 $v_c = 200$m/min。根据公式 $n = \dfrac{1000v_c}{\pi d}$ 计算并选取主轴转速 $n = 1500$r/min，根据公式 $v_f = fn$ 计算出进给速度 $v_f = 120$mm/min，填入表6-4中。

表 6-4　切削用量卡片

班级			姓名	学号	成绩
		零件图号	图 6-1	零件名称	凹圆练习件
工步号	刀具号	切削速度 v_c/(m/min)	主轴转速 n/(r/min)	进给量 f/(mm/r)	进给速度 v_f/(mm/min)	背吃刀量 a_p/mm
1	T02	120	1000	0.2	200	1
2	T02	200	1500	0.08	120	0.3

※小组讨论：

_____

_____

5. 确定工件零点并绘制走刀路线图

填写数控加工走刀路线图卡片，见表6-5。

表6-5 数控加工走刀路线图卡片

数控加工走刀路线图			
机床型号：CK6140	系统型号：FANUC Series 0i Mate-TD	零件图号：图6-1	加工内容：粗、精车外圆各表面
工步号	2、3	程序号	O0060

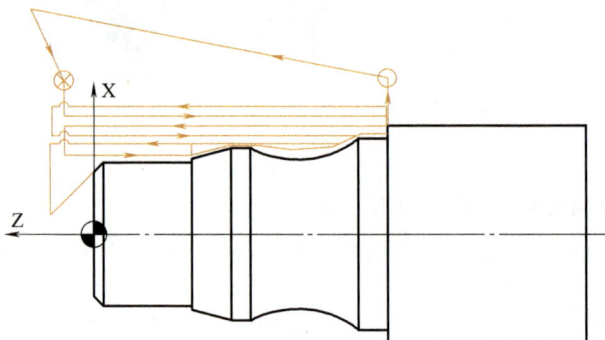

含义	抬刀	下刀	编程原点	起刀点	走刀方向	走刀线相交	爬斜坡	铰孔	行切
符号	⊕	⊗	◕	•→	→	↓	•→	•∘∘•	▭→
编程			校对			审批		共　页	第　页

※注意的问题：

_____

_____

6. 数学处理

该零件粗加工时所用各基点坐标大部分可由图6-1直接得到。主要尺寸的程序设定值一般取图样尺寸的中值，如 $\phi30^{-0.01}_{-0.08}$mm 的编程尺寸为 $\phi29.965$mm。

加工倒角时需要计算倒角延长线，延长线起点坐标为：$Z=5$，$X=30-2\times(2+5)=16$。

7. 工艺分析

夹持工件的左端，粗、精车外径 $\phi30$mm、$\phi32$mm、$\phi36$mm、$R20$mm、$\phi40$mm，长度 20mm、28mm、32mm、54mm、60mm，达到图样要求尺寸并倒角 $C2$。

学习环节二 数控加工知识学习

1. 刀尖圆弧半径补偿指令（G40、G41、G42）

数控程序一般是针对刀具上的某一点（即刀位点），按工件轮廓尺寸编制的。车刀的刀位点一般为理想状态下的假想刀尖或刀尖圆弧圆心。但实际加工中的车刀，由于工艺或其他原因，刀尖往往不是一个理想点，而是一段圆弧。切削加工时，刀具切削点在刀尖圆弧上变动，造成实际切削点与刀位点之间存在位置偏差，从而造成过切或少切。这种由于刀尖不是一个理想点而是一段圆弧所造成的加工误差，可用刀尖圆弧半径补偿功能来消除，如图 6-3 所示。

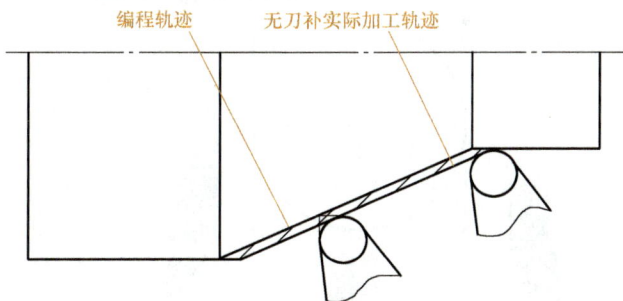

图 6-3　刀尖圆弧半径补偿

刀尖圆弧半径补偿是通过由 G41、G42、G40 指定的刀尖圆弧半径补偿号，来加入或取消刀尖圆弧半径补偿的。**其程序格式为：**

$$\begin{Bmatrix} G40 \\ G41 \\ G42 \end{Bmatrix} \begin{Bmatrix} G00 \\ G01 \end{Bmatrix} X\underline{\quad} \ Z\underline{\quad};$$

其中，G40 为取消刀尖圆弧半径补偿；G41 为左刀补（在刀具前进方向左侧补偿），G42 为右刀补（在刀具前进方向右侧补偿），如图 6-4 所示；X、Z 为建立刀补或取消刀补的终点坐标。

注意：G40、G41、G42 都是模态指令，可以相互注销。

使用刀尖圆弧半径补偿指令时，应注意以下问题：

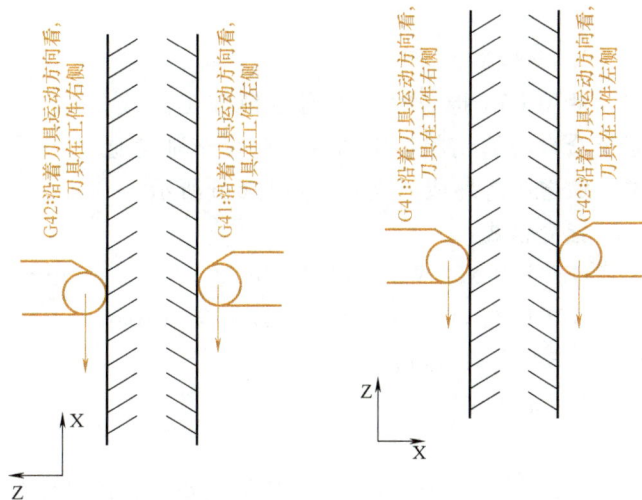

图 6-4　G41、G42 方向判别

1）当前面有 G41、G42 指令时，如果要转换为 G42、G41 或结束刀尖圆弧半径补偿，应先使用 G40 指令取消前面的刀尖圆弧半径补偿。

2）程序结束时，必须清除刀补。

3）G41、G42、G40 指令应在 G00 或 G01 程序段中加入。

4）在刀尖圆弧半径补偿状态下，没有移动的程序段（M 指令、延时指令等）不能在连续两个以上的程序段中指定，否则会发生过切或欠切。

5）在刀尖圆弧半径补偿启动段或补偿状态下，不得指定移动距离为 0 的 G00、G01 等指令。

6）从刀尖中心看，假想刀尖方向由车削中刀具的方向确定，为进行正确的刀补设置，必须预先设定好刀尖方向。各种刀尖方向有相应的编号与其对应，如图 6-5 所示。

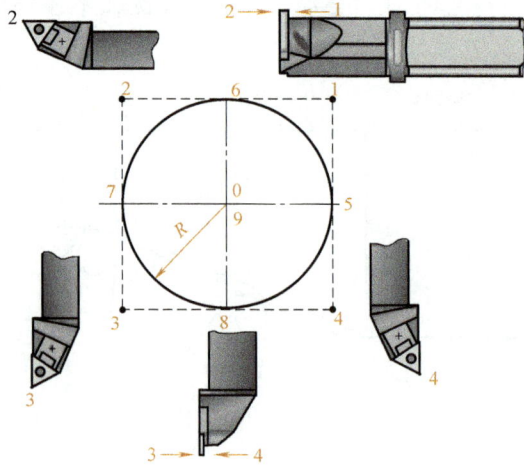

图 6-5　刀尖方位号

2. 成形车削循环指令（G73）

使用 G73 指令时只需指定精加工路线，系统会自动给出粗加工路线，适合车削铸造类、锻造类毛坯或半成品，如图 6-6 所示。

指令格式：

G73 U（Δi）W（Δk）R（d）；

G73 P（ns）Q（nf）U（Δu）W（Δw）

F（f）S（s）T（t）；

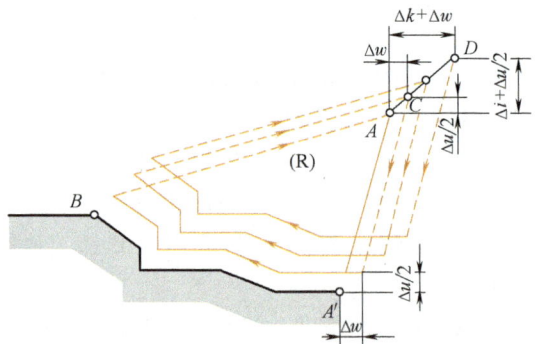

图 6-6　成形车削循环指令（G73）

$$
\left.\begin{array}{l}
N（ns）\cdots \\
\cdot \\
\cdot \\
\cdot \\
N（nf）\cdots
\end{array}\right\}
$$
$A \rightarrow A' \rightarrow B$ 的精加工路线，用顺序号 $ns \sim nf$ 之间的程序段来指定

Δi：X 方向退刀距离及方向（由半径值指定），为模态值，在下次指定前均有效。

Δk：Z 方向退刀距离及方向，为模态值，在下次指定前均有效。

d：粗车次数，为模态值，在下次指定前均有效。$d = i /（1 \sim 2.5）$。

ns：精加工形状程序段群的第一个程序段的顺序号。

nf：精加工形状程序段群的最后一个程序段的顺序号。

Δu：X 方向的精加工余量（由直径/半径值指定）。

Δw：Z 方向的精加工余量。

f、s、t：顺序号 $ns \sim nf$ 之间程序段中的 F、S、T 功能均无效，仅在 G73 指令行中指定的 F、S、T 功能有效。

学习环节三　数控加工程序编制和仿真加工

1. 编制程序清单（见表6-6）

表6-6　数控加工程序清单（O0060）

数控加工程序清单			零件图号	零件名称
姓名	学号	成绩	图6-1	凹圆练习件
程序号		O0060	工步及刀具	说明
O0060； N5 M03 S1000； N10 T0202； N15 G00 G42 X47 Z2 M08； N20 G73 U8 R8； N25 G73 P35 Q75 U0.3 W0 F0.2； N35 G00 X26； N40 G01 X30 Z-2； N45 Z-20； N50 X32； N55 X36 Z-28； N60 Z-32； N65 G02 X40 Z-54 R20； N70 G01 Z-60； N75 G00 X45； N80 G00 G40 X100； N85 Z100； N90 M03 S1500； N95 G00 G42 X47 Z2； N100 G70 P35 Q75 F0.08； N105 G00 G40 X100； N110 Z100； N115 M30；			粗车外圆各表面 T0202 精车外圆各表面 T0202	加工前先设置相应刀具参数 加工结束后进行尺寸修调

2. 仿真加工

1）打开 vnuc3.0 数控加工仿真与远程教学系统，并选择机床。

2）设置机床回零点。

3）选择毛坯、材料、夹具，装夹工件。

4）安装刀具。

5）建立工件坐标系。

6）上传数控加工程序。

7）自动加工。

仿真加工后的工件如图6-7所示。

图6-7　仿真加工后的工件

学习环节四　实际加工

1. 毛坯、刀具、工具、量具准备

1）将 ϕ45mm×100mm 的棒料毛坯正确地装夹在自定心卡盘上。

2）将 35°外圆车刀正确地安装在刀架1号刀位上。

3）正确摆放所需工具、量具。

2. 程序输入与编辑

1）开机。

2）回参考点。

3）输入程序。

4）程序图形校验。

3. 零件的数控车削加工

1）主轴正转。

2）X 向对刀，Z 向对刀，设置工件坐标系。

3）设置相应刀具参数。

4）自动加工。

学习环节五 零件检测

1. 自检

学生使用游标卡尺、半径样板等量具对零件进行检测。

2. 填写零件质量检测结果报告单（见表 6-7）

表 6-7 零件质量检测结果报告单

班级			姓名		学号		成绩	
零件图号		图 6-1	零件名称		凹圆练习件			
序号	考核项目	考核内容		配分	评分标准		检测结果	得分
						学生	教师	
1	圆柱面	$\phi30_{-0.08}^{-0.01}$mm	IT	12	每超差 0.01mm 扣 2 分			
			Ra	5	降一级扣 2 分			
2		$\phi36_{-0.10}^{-0.02}$mm	IT	12	每超差 0.01mm 扣 2 分			
			Ra	5	降一级扣 2 分			
3		$\phi40_{-0.08}^{0}$mm	IT	12	每超差 0.01mm 扣 2 分			
			Ra	5	降一级扣 2 分			
4	圆锥面	锥度 1：2	IT	5	每超差 0.01mm 扣 2 分			
			Ra	5	降一级扣 2 分			
5	长度	20mm	IT	5	每超差 0.01mm 扣 2 分			
6		28mm	IT	5	每超差 0.01mm 扣 2 分			
7		32mm	IT	5	每超差 0.01mm 扣 2 分			
8		54mm	IT	5	每超差 0.01mm 扣 2 分			
9		$60_{-0.15}^{0}$mm	IT	5	每超差 0.01mm 扣 2 分			
10	凹圆面	$R20$mm	IT	10	每超差 0.01mm 扣 2 分			
			Ra	4	降一级扣 2 分			

3. 小组评价（见表 6-8）

表 6-8　小组评价表

班级			零件名称	零件图号	小组编号
			凹圆练习件	图 6-1	
姓名	学号		表现	零件质量	排名

4. 填写考核结果报告单（见表 6-9）

表 6-9　考核结果报告单

班级		姓名		学号		成绩	
		零件图号	图 6-1	零件名称		凹圆练习件	
序号	项目	考核内容			配分	得分	项目成绩
1	零件质量 （40 分）	圆柱面			20		
		圆锥面			4		
		长度			12		
		凹圆面			4		
2	工艺方案制订 （20 分）	分析零件图工艺信息			6		
		确定加工工艺			6		
		选择刀具			3		
		选择切削用量			3		
		确定工件零点并绘制走刀路线图			2		
3	编程仿真 （15 分）	程序编制			6		
		仿真加工			9		
4	刀具、夹具、 量具的使用 （10 分）	游标卡尺的使用			3		
		半径样板的使用			2		
		刀具的安装			3		
		工件的装夹			2		
5	安全文明生产 （10 分）	按要求着装			2		
		操作规范，无操作失误			5		
		认真维护机床			3		
6	团队协作（5 分）	能与小组成员和谐相处，互相学习，互相帮助			5		

学习环节六　学习评价

1. 加工质量分析报告（见表 6-10）

表 6-10　加工质量分析报告

班级			零件名称		零件图号	
			凹圆练习件		图 6-1	
姓名		学号		成绩		
超差形式			原　因			

2. 个人工作过程总结（见表 6-11）

表 6-11　个人工作过程总结

班级			零件名称		零件图号	
			凹圆练习件		图 6-1	
姓名		学号		成绩		

3. 小组总结报告（见表 6-12）

表 6-12　小组总结报告

班级		零件名称		零件图号	
		凹圆练习件		图 6-1	
姓名			组名		

4. 小组成果展示（见表 6-13 和表 6-14）

注：附最终加工零件。

表 6-13 数控加工工序卡片

班级	数控加工工序卡片		零件名称		零件图号		材料牌号		材料硬度
	工序名称	工序号	程序号	加工车间	设备名称	设备型号			夹具名称

工步号	工步内容	刀具号	刀具规格 /mm	量具	切削速度 /(m/min)	主轴转速 /(r/min)	进给量 /(mm/r)	进给速度 /(mm/min)	背吃刀量 /mm	进给次数	备注

编制	审核	批准	共 页	第 页

表 6-14　数控加工刀具卡片

数控加工刀具卡片		零件名称	零件图号	材料牌号	材料硬度
班级		设备名称	设备型号	夹具名称	
工序名称	加工车间				
工序号	程序号				

工步号	刀具号	刀具名称	刀具(尖)直(半)径	刀具参数/mm			刀具(片)材料	偏置号		刀柄型号	备注
				半径补偿量	长度(位置)补偿量	刀尖方位		半径	长度		

编制	审核	批准	共　页　第　页

▶▶▶▶▶▶

练习与思考

一、选择题

1. 在切削平面内测量的车刀角度有（　　　）。

A. 前角　　　　　　　B. 后角　　　　　　　C. 楔角　　　　　　　D. 刃倾角

2. 车削加工时的切削力可分解为主切削力 F_z、背向力 F_y 和进给力 F_x，其中消耗功率最大的力是（　　　）。

A. 进给力 F_x　　　　B. 背向力 F_y　　　　C. 主切削力 F_z　　　D. 不确定

3. 切断刀主切削刃太宽，切削时容易产生（　　　）。

A. 弯曲　　　　　　　B. 扭转　　　　　　　C. 刀痕　　　　　　　D. 振动

4. 在数控系统中，用（　　　）指令进行恒线速度控制。

A. G00　S＿＿　　　B. G96　S＿＿　　　C. G01　F＿＿　　　D. G98　S＿＿

5. 在数控加工中，刀具补偿功能除对刀尖圆弧半径进行补偿外，在用同一把刀具进行粗、精加工时，还可进行加工余量的补偿，设刀尖圆弧半径为 r，精加工时半径方向余量为 Δ，则最后一次粗加工进给的半径补偿量为（　　　）。

A. r　　　　　　　　B. Δ　　　　　　　C. $r+\Delta$　　　　　　D. $2r+\Delta$

6. 精基准是用（　　　）作为定位基准面。

A. 未加工表面　　　　　　　　　　B. 复杂表面

C. 切削量小的表面　　　　　　　　D. 加工后的表面

7. 采用固定循环指令编程，可以（　　　）。

A. 加快切削速度，提高加工质量　　B. 缩短程序的长度，减少程序所占内存

C. 减少换刀次数，提高切削速度　　D. 减少吃刀量，保证加工质量

8. 数控编程时，应首先设定（　　　）。

A. 机床原点　　　B. 固定参考点　　　C. 机床坐标系　　　D. 工件坐标系

9. 分析切削层变形规律时，通常把切削刃作用部位的金属划分为（　　　）个变形区。

A. 两　　　　　　　B. 四　　　　　　　C. 三　　　　　　　D. 五

10. 在数控系统中，（　　　）指令在加工过程中是模态的。

A. G01、F　　　　B. G27、G28　　　C. G04　　　　　　D. M02

二、判断题

1. 只有当工件的六个自由度全部被限制时，才能保证加工精度。　　　　　　　　（　　）

2. 在编写圆弧插补程序时，若用半径值指定圆心位置，则不能描述整圆。　　　（　　）

3. 低碳钢中碳的质量分数不大于 0.025%。　　　　　　　　　　　　　　　　（　　）

4. 在金属切削过程中，高速加工塑性材料时易产生积屑瘤，它将给切削过程带来一定的影响。　　　　　　　　　　　　　　　　　　　　　　　　　　　　　　　（　　）

5. 外圆车刀装得低于工件中心时，车刀的工作前角减小，工作后角增大。　　　（　　）

6. 主偏角增大时，刀具刀尖部分的强度与散热条件变差。　　　　　　　　　　（　　）

7. 对于没有刀尖圆弧半径补偿功能的数控系统，编程时不需要计算刀具中心的运动轨迹，可按零件轮廓编程。　　　　　　　　　　　　　　　　　　　　　　　　　（　　）

8. 恒线速度控制的原理是工件的直径越大，进给速度越慢。　　　　　（　　）

9. 数控车床的伺服系统由伺服驱动和伺服执行两部分组成。　　　　　（　　）

三、简答题

1. 写出 G73 指令的格式。

2. 使用刀尖圆弧半径补偿功能时应注意哪些问题？

建议同学们：打开腾讯 App，搜索"央视新闻"公众号观看。

不断成长的火箭"心脏"钻刻师——何小虎

项目七 切槽练习件的编程及车削加工

工作任务描述

加工图 7-1 所示的切槽练习件。已知毛坯材料为 2A12，毛坯尺寸为 $\phi45mm×100mm$，棒料。要求制订零件加工工艺方案，编写数控加工程序，并在仿真软件上进行虚拟加工，然后在数控车床上进行实际加工，最后对零件进行检测和评价。

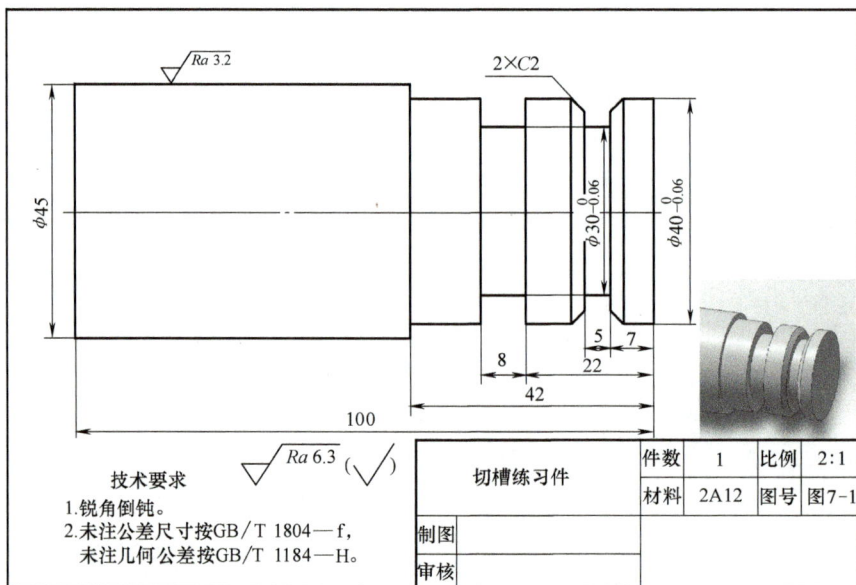

图 7-1 切槽练习件

学习目标

1) 能够正确制订切槽练习件的车削加工工艺方案。
2) 能够正确编制切槽练习件的数控加工程序，并能在仿真软件中进行虚拟加工。
3) 能将零件正确地装夹在自定心卡盘上。
4) 能将外圆车刀、切槽刀正确地安装在刀架上。
5) 能正确使用 CK6140 数控车床加工切槽练习件。
6) 能正确地使用游标卡尺对槽进行检测。
7) 能对零件进行评价并分析超差原因。

学习环节一　制订工艺方案

1. 分析零件图工艺信息

教师布置工作任务，学生提出问题，教师解答，学生填写零件图工艺信息分析卡片，见表 7-1。

表 7-1　零件图工艺信息分析卡片

班级			姓名	学号	成绩
零件图号	图 7-1	零件名称	切槽练习件	材料牌号	2A12
分析内容		分析理由			
形状、尺寸大小		该零件的加工面由端面、外圆柱面、倒角面、台阶面组成，其形状比较简单，是较典型的短轴类零件。因此，可选择现有设备 CK6140 数控车床进行加工，刀具选择 1~2 把外圆车刀和切槽刀			
结构工艺性		该零件的结构工艺性好，便于装夹、加工。可选用标准刀具进行加工			
几何要素、尺寸标注		该零件轮廓几何要素定义完整，尺寸标注符合数控加工要求，有统一的设计基准，且便于加工、测量			
尺寸精度、表面粗糙度		外圆柱面 $\phi30_{-0.06}^{0}$ mm、$\phi40_{-0.06}^{0}$ mm 的尺寸精度要求较高。表面粗糙度值最小为 $Ra3.2\mu m$，其余为 $Ra6.3\mu m$。采用先粗车再精车的加工方案			
材料及热处理		零件材料为 2A12，属易切削金属材料。因此，刀具材料选硬质合金或涂层刀具材料均可，加工时不宜选择过大的切削用量，切削过程中可不加切削液			
其他技术要求		要求锐角倒钝，故编程时在锐角处安排 C1 的倒角			
生产类型、定位基准		生产类型为单件生产，因此，应按单件小批生产类型制订工艺规程，定位基准可选择外圆表面			

※问题记录：

_____

_____

2. 确定加工工艺

小组讨论并填写加工工艺卡片，见表 7-2。

3. 选择刀具

教师提出问题，学生查阅资料并填写刀具卡片，见表 7-3。

数控车床一般均使用机夹可转位车刀。该零件材料为硬铝，对刀片材料无特殊要求，选择常用的涂层硬质合金刀片即可。机夹可转位车刀所使用的刀片为标准角度，重点在于刀片形状的选择，由于涉及槽的加工，需要考虑切槽刀刀头部分的长度（刀头长度＝槽深+2~3mm），以防止加工中刀体与工件发生干涉；刀宽根据所加工工件的槽宽来选择，本任务选择 3mm 宽的刀片，如图 7-2 所示。

外圆表面加工选择数控车床常用菱形刀片，刀尖角为 80°，主偏角为 93°，刀尖圆弧半径为 0.4mm。因该工件的表面质量要求不高，故粗、精加工外圆表面使用一把刀具即可。

表 7-2　加工工艺卡片

班级		姓名		学号		成绩	
		零件图号		零件名称	使用设备	场地	
		图 7-1		切槽练习件	CK6140数控车床	数控加工实训中心	
程序号	O0070	材料牌号		2A12	数控系统	FANUC Series 0i Mate-TD	
工步号	工步内容	确定理由		量具选用		备注	
				名称	量程/mm		
1	车端面	车平端面,建立长度基准,保证工件长度要求。车削完的端面在后续加工中不需要再加工		0.02mm游标卡尺	0~150	手动	
2	粗车各外圆表面	在较短时间内去除毛坯大部分余量,满足精车余量均匀性要求		0.02mm游标卡尺	0~150	自动	
3	精车各外圆表面	保证零件加工精度,按图样尺寸一刀连续加工出零件轮廓		0.02mm游标卡尺	0~150	自动	
4	切槽	用切槽刀切槽		0.02mm游标卡尺	0~150	自动	

※小组讨论:

_____

_____

图 7-2　切槽刀

表 7-3　刀具卡片

班级		姓名			学号		成绩	
		零件图号	图 7-1		零件名称		切槽练习件	
工步号	刀具号	刀具名称	刀具参数			刀片材料	偏置号	刀柄型号/(mm×mm)
			刀尖圆弧半径/mm	刀尖方位	刀片型号			
1	T01	93°外圆车刀	0.4	3	DCMT11T304-HF	涂层硬质合金	—	SDJCR2020K11（20×20）
2	T01	93°外圆车刀	0.4	3	DCMT11T304-HF	涂层硬质合金	01	SDJCR2020K11（20×20）
3	T01	93°外圆车刀	0.4	3	DCMT11T304-HF	涂层硬质合金	01	SDJCR2020K11（20×20）
4	T02	切槽刀	—	3	N123D2-0150-CM	涂层硬质合金	02	RF123D08-2020B（20×20）

※问题记录：

_____

_____

4. 选择切削用量

小组讨论，学生查阅资料并填写切削用量卡片。

（1）粗加工　首先取 $a_p = 3$mm，其次取 $f = 0.2$mm/r，最后取 $v_c = 120$m/min。根据公式 $n = \dfrac{1000v_c}{\pi d}$ 计算并选取主轴转速 $n = 1000$r/min，根据公式 $v_f = fn$ 计算并选择进给速度 $v_f = 200$mm/min，填入表 7-4 中。

（2）精加工　首先取 $a_p = 0.3$mm，其次 $f = 0.08$mm/r，最后取 $v_c = 200$m/min。根据公式 $n = \dfrac{1000v_c}{\pi d}$ 计算并选取主轴转速 $n = 1500$r/min，根据公式 $v_f = fn$ 计算出进给速度 $v_f = 120$mm/min，填入表 7-4 中。

（3）槽的加工　首先取 $a_p = 4$mm，其次取 $f = 0.05$mm/r，最后取 $v_c = 80$m/min。根据公式 $n = \dfrac{1000v_c}{\pi d}$ 计算并选取主轴转速 $n = 600$r/min，根据公式 $v_f = fn$ 计算出进给速度 $v_f = 30$mm/min，填入表 7-4 中。

表 7-4　切削用量卡片

班级		切削速度 $v_c/(\text{m/min})$	姓名	学号	成绩
			零件图号	图 7-1	零件名称	切槽练习件
工步号	刀具号	切削速度 $v_c/(\text{m/min})$	主轴转速 $n/(\text{r/min})$	进给量 $f/(\text{mm/r})$	进给速度 $v_f/(\text{mm/min})$	背吃刀量 a_p/mm
2	T01	120	1000	0.2	200	3
3	T01	200	1500	0.08	120	0.3
4	T02	80	600	0.05	30	4

※小组讨论：

_____

_____

5. 确定工件零点并绘制走刀路线图

填写数控加工走刀路线图卡片，见表 7-5 和表 7-6。

6. 数学处理

该零件主要尺寸的程序设定值一般取图样尺寸的中值，如 $\phi 30_{-0.06}^{0}$mm 的编程尺寸为 $\phi 29.97$mm。

（1）8mm 宽槽坐标点的计算　第一刀坐标：（X42，Z-30），留出精车余量 0.2mm；第二刀坐标：（X42，Z-27），留出精车余量 0.2mm；第三刀坐标：（X42，Z-25），直接车到 $\phi 29.97$mm，然后精车到长度 Z-30（保证尺寸）。

表 7-5　数控加工走刀路线图卡片（一）

数控加工走刀路线图			
机床型号：CK6140	系统型号：FANUC Series 0i Mate-TD	零件图号：图 7-1	加工内容：粗、精车外圆各表面
工步号	2、3	程序号	O0070

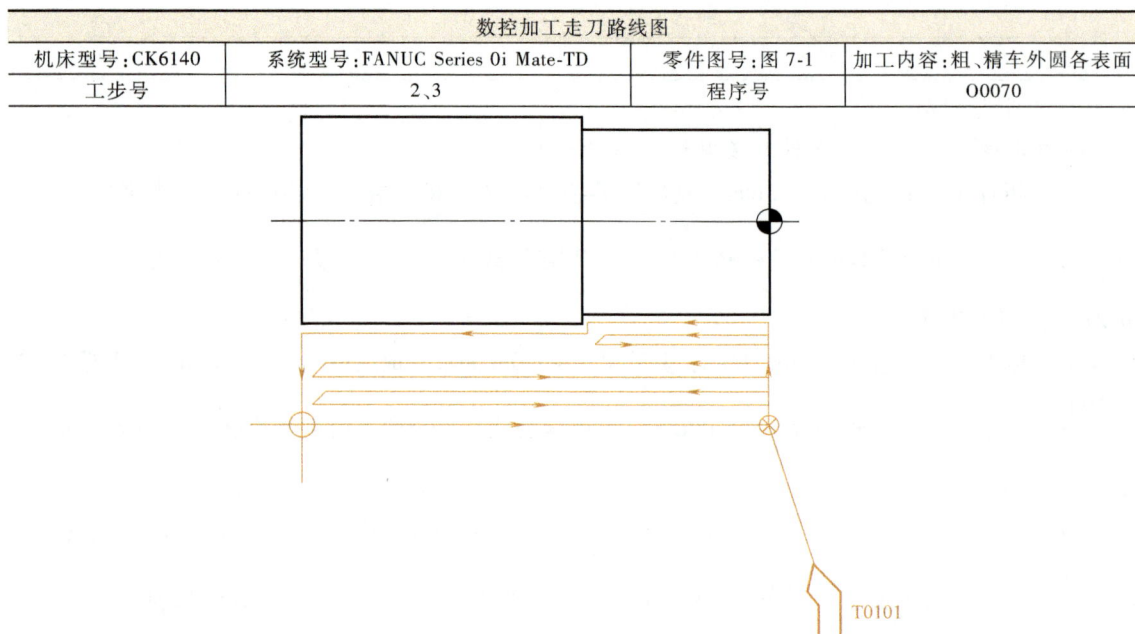

T0101

含义	抬刀	下刀	编程原点	起刀点	走刀方向	走刀线相交	爬斜坡	铰孔	行切
符号	⊕	⊗							
编程			校对			审批		共　页	第　页

表 7-6　数控加工走刀路线图卡片（二）

数控加工走刀路线图			
机床型号：CK6140	系统型号：FANUC Series 0i Mate-TD	零件图号：图 7-1	加工内容：切槽
工步号	4	程序号	O0070

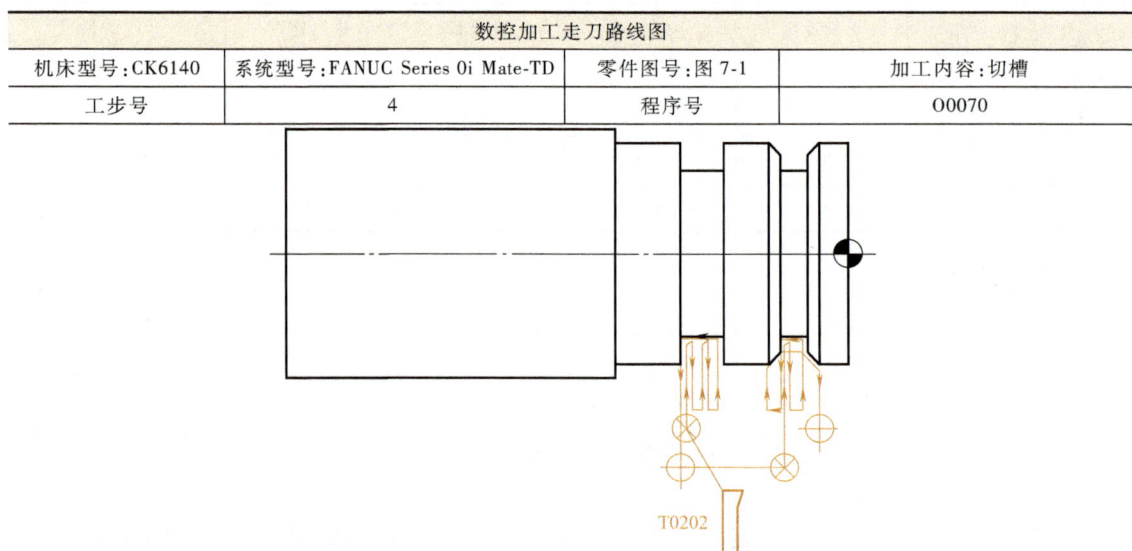

T0202

含义	抬刀	下刀	编程原点	起刀点	走刀方向	走刀线相交	爬斜坡	铰孔	行切
符号	⊕	⊗							
编程			校对			审批		共　页	第　页

※注意的问题：

_____

_____

（2）5mm 宽槽坐标点的计算　第一刀坐标：（X42，Z-12），留出精车余量 0.2mm；第二刀坐标：（X42，Z-10），留出精车余量 0.2mm；第三刀坐标：（X42，Z-14），G01 进给到 X40，然后倒角 C2，车到 φ36mm，再精车 φ30mm 到长度 Z-10（保证尺寸）；第四刀坐标：（X42，Z-8），G01 进给到 X40，然后倒角 C2 车到 φ36mm（保证尺寸）。

7. 工艺分析

1）夹持工件左端，粗、精车外圆 φ40mm、长度 42mm，达到图样要求尺寸并倒角 C1。

2）切槽 φ30mm×8mm、φ30mm×5mm，达到图样要求尺寸并倒角 C2。

8. 暂停指令（G04）

G04 指令可使刀具做短时间的无进给光整加工，常用于车槽、镗平面、锪孔等场合，如图 7-3 所示。

指令格式为：

G04 P __；或 G04 X __；或 G04 U __；

其中，P __用于指定时间或主轴转速（不能用小数点）；X __用于指定时间或主轴转速（可以用小数点）；U __用于指定时间或主轴转速（可以用小数点）。

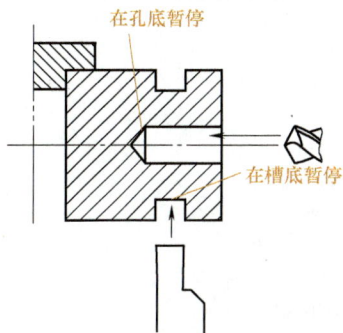

图 7-3　暂停指令 G04

学习环节二　数控加工程序编制和仿真加工

1. 编制程序清单（见表 7-7）

表 7-7　数控加工程序清单（O0070）

数控加工程序清单			零件图号	零件名称
姓名	学号	成绩	图 7-1	切槽练习件
程序号	O0070		工步及刀具	说明
O0070； T0101； M03 S1000； G00 X48 Z2； G71 U1 R1； G71 P1 Q2 U1 W0 F0.2； N1 G01 X40； Z-40； X45； Z-100； N2 G00 X100； Z100； T0101；			粗车外圆各表面 T0101 粗加工 每刀背吃刀量为1mm	加工前先设置相应刀具参数

（续）

数控加工程序清单			零件图号	零件名称
姓名	学号	成绩	图 7-1	切槽练习件
程序号		O0070	工步及刀具	说明
M03 S1500; G00 X48 Z2; G70 P1 Q2 F0.08; G00 X100; Z100; M00; T0202; M03 S600; G00 X42; G01 Z-30 F0.2; X30.2 F0.08; G00 X42; G01 W3 F0.2; X30.2 F0.08; G00 X42; G01 W2 F0.2; X30 F0.08; Z-30; G00 X42; G01 Z-12 F0.2; X34.2 F0.08; G00 X42; G01 W2 F0.2; X34.2 F0.08; G00 X42; Z-14; G00 X40; G01 X36 Z-12 F0.08; X34; Z-10; G00 X42; G01 Z-8 F0.2; X40; X36 Z-10 F0.08; G00 X100; Z100; M30;			精车外圆各表面 T0101 换切槽刀 T0202 分三刀车削 8mm 宽的槽 分四刀车削 5mm 宽的槽以 及两个倒角 分别倒角 $C2$	加工结束后进行尺寸 修调

2. 仿真加工

1）打开 vnuc 3.0 数控加工仿真与远程教学系统，并选择机床。

2）设置机床回零点。

3）选择毛坯、材料、夹具，装夹工件。

4）安装刀具。

5）建立工件坐标系。

6）上传数控加工程序。

7）自动加工。

仿真加工后的工件如图 7-4 所示。

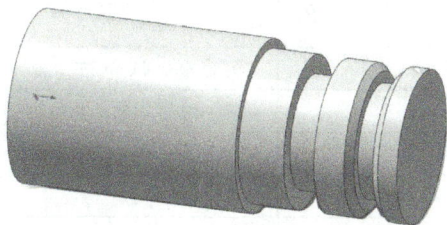

图 7-4 仿真加工后的工件

学习环节三 实际加工

1. 毛坯、刀具、工具、量具准备

1）将 $\phi45\text{mm}\times100\text{mm}$ 的棒料毛坯正确地装夹在自定心卡盘上。

2）将 93°外圆车刀正确地安装在刀架 1 号刀位上，切槽刀正确地安装在刀架 2 号刀位上。

3）正确摆放所需工具、量具。

2. 程序输入与编辑

1）开机。

2）回参考点。

3）输入程序。

4）程序图形校验。

3. 零件的数控车削加工

1）主轴正转。

2）X 向对刀，Z 向对刀，设置工件坐标系。

3）设置相应刀具参数。

4）自动加工。

学习环节四 零件检测

1. 自检

学生使用游标卡尺对零件进行检测。

2. 填写零件质量检测结果报告单（见表 7-8）

3. 小组评价（见表 7-9）

4. 填写考核结果报告单（见表 7-10）

表 7-8　零件质量检测结果报告单

班级			姓名		学号		成绩
零件图号		图 7-1		零件名称		切槽练习件	

序号	考核项目	考核内容		配分	评分标准	检测结果 学生	检测结果 教师	得分
1	圆柱面	$\phi 40_{-0.06}^{0}$ mm	IT	16	每超差 0.01mm 扣 2 分			
			Ra	8	降一级扣 2 分			
2	槽	$\phi 30_{-0.06}^{0}$ mm× 8mm	IT	20	每超差 0.01mm 扣 2 分			
			Ra	8	降一级扣 2 分			
3		$\phi 30_{-0.06}^{0}$ mm× 5mm	IT	20	每超差 0.01mm 扣 2 分			
			Ra	8	降一级扣 2 分			
4	长度	7mm	IT	5	每超差 0.01mm 扣 2 分			
5		22mm	IT	5	每超差 0.01mm 扣 2 分			
6		42mm	IT	5	每超差 0.01mm 扣 2 分			
7		100mm	IT	5	每超差 0.01mm 扣 2 分			

表 7-9　小组评价表

班级		零件名称	零件图号	小组编号
		切槽练习件	图 7-1	
姓名	学号	表现	零件质量	排名

表 7-10　考核结果报告单

班级		姓名		学号		成绩	
		零件图号	图 7-1	零件名称		切槽练习件	
序号	项目	考核内容			配分	得分	项目成绩
1	零件质量（40 分）	圆柱面			12		
		槽			20		
		长度			8		
2	工艺方案制订（20 分）	分析零件图工艺信息			6		
		确定加工工艺			6		
		选择刀具			3		
		选择切削用量			3		
		确定工件零点并绘制走刀路线图			2		

（续）

班级		姓名		学号		成绩	
		零件图号	图 7-1	零件名称		切槽练习件	
序号	项目	考核内容			配分	得分	项目成绩
3	编程仿真 （15 分）	程序编制			6		
		仿真加工			9		
4	刀具、夹具、量具的使用 （10 分）	游标卡尺的使用			4		
		刀具的安装			4		
		工件的装夹			2		
5	安全文明生产 （10 分）	按要求着装			2		
		操作规范，无操作失误			5		
		认真维护机床			3		
6	团队协作（5 分）	能与小组成员和谐相处，互相学习，互相帮助			5		

学习环节五　学习评价

1. 加工质量分析报告（见表 7-11）

表 7-11　加工质量分析报告

班级		零件名称	零件图号
		切槽练习件	图 7-1
姓名		学号	成绩
超差形式		原　因	

2. 个人工作过程总结（见表 7-12）

3. 小组总结报告（见表 7-13）

表 7-12　个人工作过程总结

班级		零件名称		零件图号	
		切槽练习件		图 7-1	
姓名		学号		成绩	

表 7-13　小组总结报告

班级		零件名称		零件图号	
		切槽练习件		图 7-1	
姓名			组名		

4. 小组成果展示（见表 7-14 和表 7-15）

注：附最终加工零件。

表 7-14　数控加工工序卡片

数控加工工序卡片		班级		零件名称		零件图号		材料硬度
		工序名称	设备名称	设备型号		材料牌号	夹具名称	
		工序号	程序号	加工车间				

工步号	工步内容	刀具号	刀具规格 /mm	量具	切削速度 /(m/min)	主轴转速 /(r/min)	进给量 /(mm/r)	进给速度 /(mm/min)	背吃刀量 /mm	进给次数	备注

编制	审核	批准	共　页　第　页

表 7-15 数控加工刀具卡片

数控加工刀具卡片		零件名称	零件图号	材料牌号	材料硬度
		设备名称	设备型号	夹具名称	
班级		程序号	加工车间		

工序名称	工序号									

| 工步号 | 刀具号 | 刀具名称 | 刀具参数/mm | | | | 刀具(片)材料 | 偏置号 | | 刀柄型号 | 备注 |
			刀具(尖)直(半)径	半径补偿量	长度(位置)补偿量	刀尖方位		半径	长度		

编制	审核	批准	共 页 第 页

练习与思考

一、选择题

1. 切断刀折断的主要原因是（   ）。

A. 刀头宽度太大　　　　　　　　B. 副偏角和副后角太大

C. 切削速度低

2. 执行程序暂停指令 G04 后，（   ）。

A. 主轴停转　　　　　　　　　　B. 程序结束

C. 主轴停转，进给停止　　　　　D. 主轴状态不变

3. 切断刀刃口宽度是根据所加工工件的（   ）来选择的。

A. 外径　　　　　　　　　　　　B. 切断深度

C. 材质　　　　　　　　　　　　D. 形状

4. 使用硬质合金刀具切削钢件，切槽时的切削速度一般取（   ）m/min。

A. 80 ~ 120　　　　　　　　　　B. 30 ~ 40

C. 15 ~ 25

5. 在程序指令 G04 X2 中，X2 表示（   ）。

A. 暂停 2min　　　　　　　　　　B. 暂停 2s

C. 程序停止

二、判断题

1. 切断时应使用两顶尖装夹工件，否则切断后工件会飞出造成事故。　　　　（   ）

2. 切槽时的切削力比车外圆时的切削力大 20% ~ 50%。　　　　　　　　　（   ）

3. 切槽时的实际切削速度随刀具的切入越来越小，因此，切槽时的切削速度可选得大一些。　　　　　　　　　　　　　　　　　　　　　　　　　　　　　（   ）

4. 加工槽宽大于刀宽的凹槽时，可以采用多次直进法切削，并在槽壁及底面留精加工余量，最后一刀精车至尺寸。　　　　　　　　　　　　　　　　　　　（   ）

5. 切槽刀刀头部分长度等于槽深+2 ~ 3mm，以防止加工中刀体与工件发生干涉。

（   ）

6. 切槽刀刀宽根据加工工件的槽宽来选择。　　　　　　　　　　　　　　（   ）

三、简答题

1. 切槽加工的特点有哪些？

2. 切槽加工时的注意事项有哪些？

3. 切槽时如何选择切削用量？

加工图 8-1 所示的螺纹轴练习件。已知毛坯材料为 2A12，毛坯尺寸为 $\phi45\text{mm}\times100\text{mm}$，棒料。要求制订零件加工工艺方案，编写数控加工程序，并在仿真软件中进行虚拟加工，然后在数控车床上进行实际加工，最后对零件进行检测和评价。

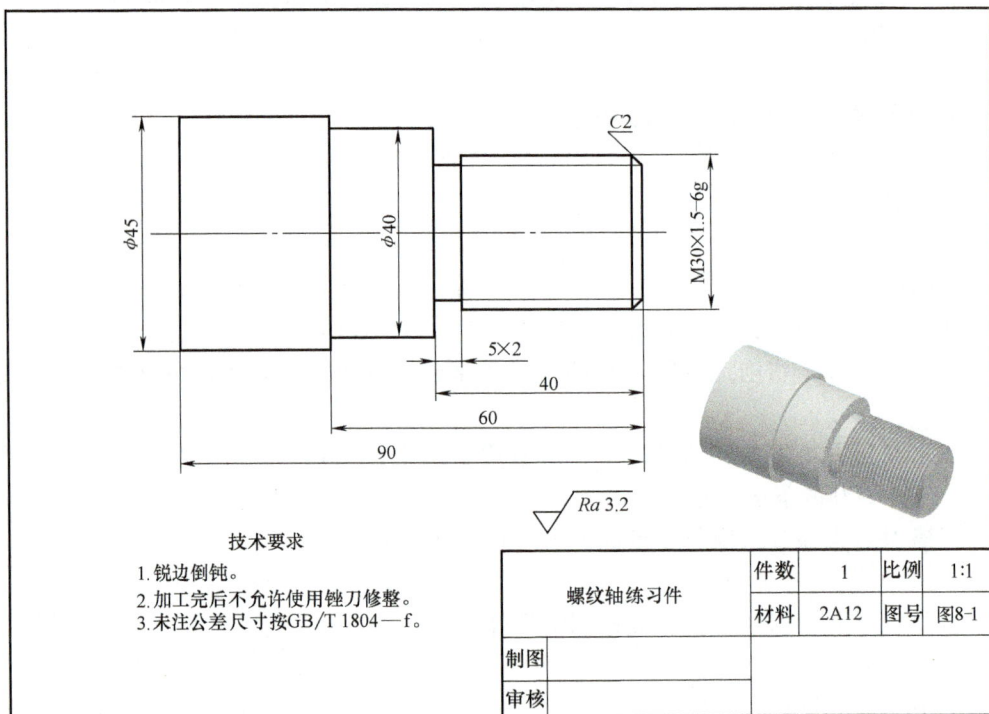

技术要求

1. 锐边倒钝。
2. 加工完后不允许使用锉刀修整。
3. 未注公差尺寸按GB/T 1804—f。

螺纹轴练习件	件数	1	比例	1:1
	材料	2A12	图号	图8-1
制图				
审核				

图 8-1 螺纹轴练习件

学习目标

1）能够制订螺纹轴练习件的加工工艺方案。

2）能够编制螺纹轴练习件的数控加工程序，并能在仿真软件上进行虚拟加工。

3）能将零件正确地装夹在自定心卡盘上。

4）能将外圆车刀正确地安装在刀架上。

5）能使用 CK6140 数控车床加工螺纹轴练习件。

6）能正确使用游标卡尺、螺纹千分尺检测螺纹轴练习件。

7）能对零件进行评价并分析超差原因。

学习环节一　制订工艺方案

1. 分析零件图工艺信息

教师布置工作任务，学生提出问题，教师解答，学生填写零件图工艺信息分析卡片，见表 8-1。

表 8-1　零件图工艺信息分析卡片

班级			姓名	学号	成绩
零件图号	图 8-1	零件名称	螺纹轴练习件	材料牌号	2A12
分析内容		分析理由			
形状、尺寸大小		该零件的加工面由端面、外圆柱面、倒角面、台阶面及螺纹组成，其形状比较简单，是较典型的短轴类零件。因此，可选择现有设备 CK6140 数控车床进行加工，刀具选择外圆车刀、切槽刀和螺纹车刀			
结构工艺性		该零件的结构工艺性好，便于装夹、加工。因此，可选用标准刀具进行加工			
几何要素、尺寸标注		该零件轮廓几何要素定义完整，尺寸标注符合数控加工要求，有统一的设计基准，且便于加工、测量			
尺寸精度、表面粗糙度		M30×1.5-6g 螺纹的尺寸精度较高，表面粗糙度值均为 $Ra3.2\mu m$。该零件的加工方案为粗车外圆→半精车外圆→切槽→车螺纹			
材料及热处理		零件材料为 2A12，属易切削金属材料。因此，刀具材料选择硬质合金或涂层刀具材料均可，加工时不宜选择过大的切削用量，切削过程中可不加切削液			
其他技术要求		要求锐角倒钝，故编程时在锐角处安排倒角 C1			
生产类型、定位基准		生产类型为单件生产，因此，应按单件小批生产类型制订工艺规程，定位基准可选择外圆表面			

※ 问题记录：

_____

_____

_____

2. 确定加工工艺

小组讨论并填写加工工艺卡片，见表 8-2。

3. 选择刀具

教师提出问题，学生查阅资料并填写刀具卡片，见表 8-3。

数控车床一般均使用机夹可转位车刀。本零件材料为硬铝，对刀片材料无特殊要求，选择常用的涂层硬质合金刀片即可。粗、精车外圆车刀的主偏角为 93°，刀尖圆弧半径为 0.4mm。加工 5mm×2mm 沟槽选用切槽刀，刀尖圆弧半径为 0.2mm。加工 M30×1.5 螺纹选用外螺纹车刀，刀尖圆弧半径为 0.2mm，如图 8-2 所示。

表 8-2　加工工艺卡片

班级		姓名		学号		成绩	
		零件图号			零件名称	使用设备	场地
		图 8-1			螺纹轴练习件	CK6140 数控车床	数控加工实训中心
程序号	O0080	材料牌号			2A12	数控系统	FANUC Series 0i Mate-TD
工步号	工步内容	确定理由		量具选用			备注
				名称	量程/mm		
1	车端面	车平端面,建立长度基准,保证工件长度要求。车削完的端面在后续加工中不需要再加工		0.02mm 游标卡尺	0～150		手动
2	粗车各外圆表面	在较短时间内去除毛坯大部分余量,满足精车余量均匀性要求		0.02mm 游标卡尺	0～150		自动
3	精车各外圆表面	保证零件加工精度,按图样尺寸一刀连续加工出零件轮廓		0.02mm 游标卡尺	0～150		自动
4	切槽	保证螺纹车削顺利进行,不至于打刀		0.02mm 游标卡尺	0～150		自动
5	车螺纹	保证螺纹牙型正确,使螺纹配合牢靠		M30×1.5-6g 螺纹千分尺	P1.5		自动

※小组讨论:

图 8-2　螺纹车刀

表 8-3　刀具卡片

工步号	刀具号	刀具名称	刀具参数				刀片材料	偏置号	刀柄型号/(mm×mm)
班级			姓名		学号			成绩	
			零件图号	图 8-1	零件名称		螺纹轴练习件		
			刀尖圆弧半径/mm	刀尖方位	刀片型号				
1	T01	93°外圆车刀	0.4	3	DCMT11T304-HF		涂层硬质合金	—	SDJCR2020K11（20×20）
2	T02	切槽刀	0.2		DCMT11T304-HF		涂层硬质合金	01	SDJCR2020K11（20×20）
3	T03	外螺纹车刀	0.2		RT16.01W-11 BSPT		涂层硬质合金	01	SDJCR2020K11（20×20）

※问题记录：

_____

_____

4. 选择切削用量

小组讨论，学生查阅资料并填写切削用量卡片。

（1）粗加工　首先取 $a_p = 2mm$，其次取 $f = 0.2mm/r$，最后取 $v_c = 90m/min$。根据公式 $n = \dfrac{1000v_c}{\pi d}$ 计算并选取主轴转速 $n = 800r/min$，根据公式 $v_f = fn$ 计算出进给速度 $v_f = 160mm/min$，填入表 8-4 中。

（2）精加工　首先取 $a_p = 0.8mm$，其次取 $f = 0.08mm/r$，最后取 $v_c = 120m/min$。根据公式 $n = \dfrac{1000v_c}{\pi d}$ 计算并选取主轴转速 $n = 1000r/min$，根据公式 $v_f = fn$ 计算出进给速度 $v_f = 80mm/min$，填入表 8-4 中。

（3）槽的加工　车床主轴转速受螺纹螺距 P（或导程）、驱动电动机升降频特性，以及螺纹插补运算速度等多种因素影响，故对于不同的数控系统，推荐采用不同的主轴转速选择范围。首先取 $a_p = 4mm$，其次取 $f = 0.05mm/r$，最后取 $v_c = 60m/min$。根据公式 $n = \dfrac{1000v_c}{\pi d}$ 计算并选取主轴转速 $n = 600r/min$，根据公式 $v_f = fn$ 计算出进给速度 $v_f = 30mm/min$，填入表 8-4 中。

表 8-4　切削用量卡片

班级		切削速度 v_c/(m/min)	姓名		学号	成绩
			零件图号	图 8-1	零件名称	螺纹轴练习件
工步号	刀具号	切削速度 v_c/(m/min)	主轴转速 n/(r/min)	进给量 f/(mm/r)	进给速度 v_f/(mm/min)	背吃刀量 a_p/mm
2	T01	90	800	0.2	160	2
3	T01	120	1000	0.08	100	0.8
4	T02	60	600	0.05	30	—
5	T03	—	700	1.5	—	1.5

※小组讨论：

_____

_____

（4）螺纹加工　根据公式 $n \leqslant \dfrac{1200}{P} - K$（$n$ 为主轴转速；P 为导程；K 为保险系数，一般取 80），取主轴转速 $n = 700r/min$，填入表 8-4 中。

在数控车床上车螺纹时，会受到以下几方面的影响：

1）螺纹加工程序段中指令的螺距值相当于以进给量 f（mm/r）表示的进给速度 v_f（mm/min），如果数控车床主轴转速选择得过高，则换算后的进给速度 v_f 将大大超过正常值。

2）刀具在其位移过程中，将受到伺服驱动系统升降频率和数控装置插补运算速度的约束，如果升降频率特性满足不了加工需要，则可能因主进给运动的"超前"和"滞后"而导致部分螺纹的螺距不符合要求。

3）车削螺纹必须通过主轴的同步运行功能来实现，即车削螺纹时需要有主轴脉冲发生器（编码器），当主轴转速选择得过高时，通过编码器发出的定位脉冲（即主轴每转一周时所发出的一个基准脉冲信号）可能因"过冲"（特别是当编码器的质量不稳定时）而导致工作螺纹产生"乱牙"。

5. 确定工件零点并绘制走刀路线图

填写数控加工走刀路线图卡片，见表 8-5。

表 8-5　数控加工走刀路线图卡片

数控加工走刀路线图			
机床型号：CK6140	系统型号：FANUC Series 0i Mate-TD	零件图号：图 8-1	加工内容：粗、精车外圆各表面，切槽，车螺纹
工步号	2、3、4、5	程序号	O0080

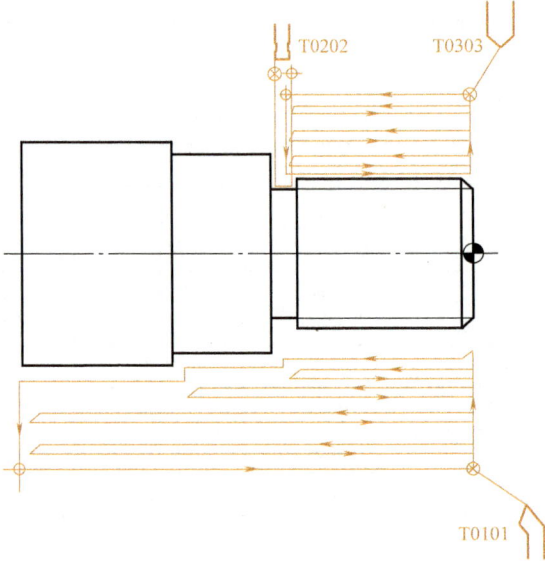

含义	抬刀	下刀	编程原点	起刀点	走刀方向	走刀线相交	爬斜坡	铰孔	行切
符号									
编程			校对			审批		共　页	第　页

※注意的问题：

_____

_____

6. 数学处理

螺纹轴练习件主要尺寸的程序设定值一般取图样尺寸的中值。本任务需要计算 M30×1.5-6g 螺纹的牙高，计算公式为

$$h = (1.2 \sim 1.3)P = 1.2 \times 1.5\text{mm} = 1.8\text{mm}$$

式中，h 为牙高；P 为螺距。

每次螺纹切削深度：第一刀为 0.6mm，第二刀为 0.4mm，第三刀为 0.2mm，第四刀为 0.2mm，第五刀为 0.2mm，第六刀为 0.2mm。

7. 工艺分析

1）夹持工件左端，粗、精车外径 $\phi30\text{mm}$、$\phi40\text{mm}$，长度 40mm、60mm，保证图样尺寸要求并倒角 $C2$。

2）切槽 5mm×2mm 并保证尺寸。

3）粗、精车螺纹 M30×1.5 并保证尺寸。

学习环节二　数控加工知识学习

螺纹切削循环指令（G92）用于对圆柱螺纹和管螺纹进行循环切削，每指定一次该指令，自动进行一次螺纹切削循环。

圆柱螺纹加工进给路线如图 8-3 所示，指令格式为：

G92　X(U)＿Z(W)＿F＿；

其中，X(U) 和 Z(W) 是螺纹切削终点坐标；F 是螺纹的导程（单线螺纹）。

管螺纹加工进给路线如图 8-4 所示，指令格式为：

G92　X(U)＿Z(W)＿R＿F＿；

其中，R 是螺纹切削起点与终点的半径差；F 是螺纹的导程（单线螺纹），其余参数与

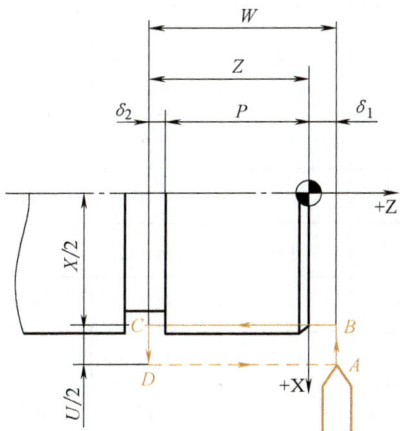

图 8-3　圆柱螺纹加工进给路线

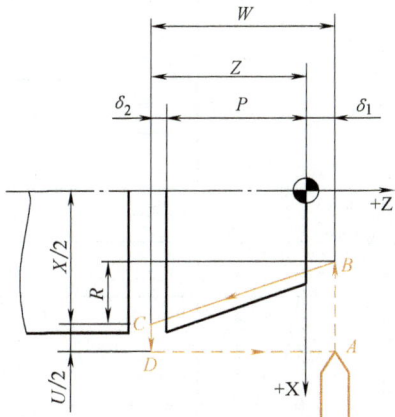

图 8-4　管螺纹加工进给路线

锥度切削循环相同。

例 用 G92 指令编制图 8-5 所示圆柱螺纹的数控加工程序。

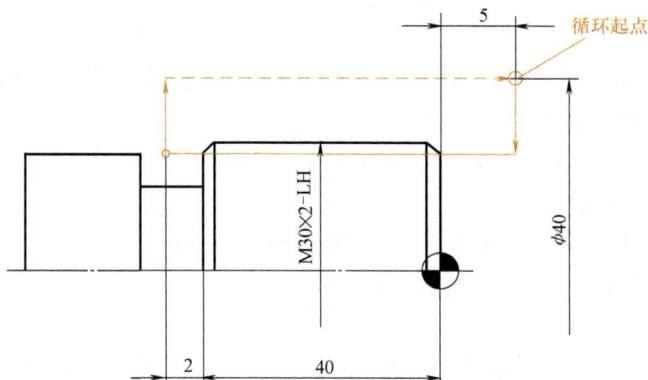

图 8-5 圆柱螺纹切削

参考程序如下：

G00 X40 Z5；   （刀具定位到循环起点）

G92 X29.1 Z-42 F2；   （第一次车螺纹）

X28.5；   （第二次车螺纹）

X27.9；   （第三次车螺纹）

X27.5；   （第四次车螺纹）

X27.4；   （最后一次车螺纹）

G00 X150 Z150；   （刀具回换刀点）

普通螺纹车削的进给次数和背吃刀量参考值见表 8-6。

表 8-6 普通螺纹车削的进给次数和背吃刀量参考值   （单位：mm）

螺距		1	1.5	2.0	2.5	3	3.5	4
牙深		0.649	0.974	1.299	1.624	1.949	2.273	2.598
进给次数和背吃刀量	1 次	0.7	0.8	0.9	1.0	1.2	1.5	1.5
	2 次	0.4	0.6	0.6	0.7	0.7	0.7	0.8
	3 次	0.2	0.4	0.6	0.6	0.6	0.6	0.6
	4 次	—	0.16	0.4	0.4	0.4	0.6	0.6
	5 次	—	—	0.1	0.4	0.4	0.4	0.4
	6 次	—	—	—	0.15	0.4	0.4	0.4
	7 次	—	—	—	—	0.2	0.2	0.4
	8 次	—	—	—	—	—	0.15	0.3
	9 次	—	—	—	—	—	—	0.2

学习环节三 数控加工程序编制和仿真加工

1. 编制程序清单（见表 8-7）

表 8-7 数控加工程序清单（O0080）

数控加工程序清单			零件图号	零件名称
姓名	学号	成绩	图 8-1	螺纹轴练习件
程序号		O0080	工步及刀具	说明
O0080; T0101; M03 S800; G00 X48 Z2; G71 U1 R1; G71 P1 Q2 U1 W0 F0.2; N1 G01 X28; Z0; X30 Z-1; Z-40; X40; Z-60; X45; Z-80; N2 G0 X100; Z100; T0101; M03 S1000; G00 X48 Z2; G70 P1 Q2 F0.08; G00 X100; Z100; M00; T0202; M03 S600; G00 X42 Z2; Z-40; G01 X26.2 F0.05; G00 X42; W2; G01 X26 F0.05; Z-40; G00 X100; Z100; M00; T0303; M03 S700; G00 X32 Z2; G92 X29.2 Z-37 F1.5; X28.6; X28.2; X28.04; X28.04; G00 X100; Z100; M30;	粗车外圆各表面 T0101 精车外圆各表面 T0101 T0202 切槽刀 T0303 外螺纹车刀		加工前先设置相应刀具参数 加工结束后进行尺寸修调

2. 仿真加工

1）打开 vnuc3.0 数控加工仿真与远程教学系统，并选择机床。

2）设置机床回零点。

3）选择毛坯、材料、夹具，装夹工件。

4）安装刀具。

5）建立工件坐标系。

6）上传数控加工程序。

7）自动加工。

仿真加工后的工件如图 8-6 所示。

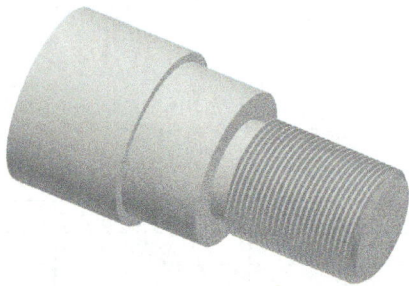

图 8-6 仿真加工后的工件

学习环节四 实际加工

1. 毛坯、刀具、工具、量具准备

1）将 ϕ45mm×100mm 的棒料毛坯正确地装夹在自定心卡盘上。

2）将 93°外圆车刀正确地安装在刀架 1 号刀位上。

3）将切槽刀正确地安装在刀架 2 号刀位上。

4）将外螺纹车刀正确安装在刀架 3 号刀位上。

5）正确摆放所需工具、量具。

2. 程序输入与编辑

1）开机。

2）回参考点。

3）输入程序。

4）程序图形校验。

3. 零件的数控车削加工

1）主轴正转。

2）X 向对刀，Z 向对刀，设置工件坐标系。

3）设置相应刀具参数。

4）自动加工。

学习环节五 零件检测

1. 自检

学生使用游标卡尺、螺纹千分尺等量具对零件进行检测。

2. 填写零件质量检测结果报告单（见表 8-8）

3. 小组评价（见表 8-9）

4. 填写考核结果报告单（见表 8-10）

表 8-8 零件质量检测结果报告单

班级			姓名		学号		成绩
零件图号		图 8-1		零件名称		螺纹轴练习件	
序号	考核项目	考核内容		配分	评分标准	检测结果 学生 教师	得分
1	圆柱面	φ40mm	IT	10	每超差 0.01mm 扣 2 分		
			Ra	10	降一级扣 2 分		
2		M30×1.5 外圆	IT	10	每超差 0.01mm 扣 2 分		
			Ra	10	降一级扣 2 分		
3	槽	5mm×2mm	IT	10	每超差 0.01mm 扣 2 分		
			Ra	10	降一级扣 2 分		
4	长度	40mm	IT	10	每超差 0.01mm 扣 2 分		
5		60mm	IT	10	每超差 0.01mm 扣 2 分		
6	螺纹	M30×1.5-6g	IT	10	每超差 0.01mm 扣 2 分		
			Ra	10	降一级扣 2 分		

表 8-9 小组评价表

班级		零件名称	零件图号	小组编号
		螺纹轴练习件	图 8-1	
姓名	学号	表现	零件质量	排名

表 8-10 考核结果报告单

班级		姓名		学号		成绩
		零件图号	图 8-1	零件名称		螺纹轴练习件
序号	项目	考核内容			配分	得分 项目成绩
1	零件质量（40分）	圆柱面			20	
		槽			4	
		长度			12	
		螺纹			4	
2	工艺方案制订（20分）	分析零件图工艺信息			6	
		确定加工工艺			6	
		选择刀具			3	
		选择切削用量			3	
		确定工件零点并绘制走刀路线图			2	

（续）

班级		姓名		学号		成绩	
		零件图号	图 8-1	零件名称		螺纹轴练习件	

序号	项目	考核内容	配分	得分	项目成绩
3	编程仿真 （15分）	程序编制	6		
		仿真加工	9		
4	刀具、夹具、 量具的使用 （10分）	游标卡尺的使用	3		
		螺纹千分尺的使用	2		
		刀具的安装	3		
		工件的装夹	2		
5	安全文明生产 （10分）	按要求着装	2		
		操作规范，无操作失误	5		
		认真维护机床	3		
6	团队协作（5分）	能与小组成员和谐相处，互相学习，互相帮助	5		

学习环节六　学习评价

1. 加工质量分析报告（见表 8-11）

表 8-11　加工质量分析报告

班级		零件名称		零件图号	
		螺纹轴练习件		图 8-1	
姓名		学号		成绩	
超差形式			原　因		

2. 个人工作过程总结（见表 8-12）

表 8-12　个人工作过程总结

班级			零件名称		零件图号	
			螺纹轴练习件		图 8-1	
姓名		学号		成绩		

3. 小组总结报告（见表 8-13）

表 8-13　小组总结报告

班级			零件名称		零件图号	
			螺纹轴练习件		图 8-1	
姓名				组名		

4. 小组成果展示（见表 8-14 和表 8-15）

注：附最终加工零件。

表 8-14　数控加工工序卡片

班级	数控加工工序卡片		零件名称		零件图号		材料牌号		材料硬度
	工序名称	工序号	程序号	加工车间	设备名称	设备型号		夹具名称	
工步号	工步内容	刀具号	刀具规格 /mm	量具	切削速度 /(m/min)	主轴转速 /(r/min)	进给量 /(mm/r)	进给速度 /(mm/min)	背吃刀量 /mm	进给次数	备注
编制		审核		批准			共　页		第　页

表 8-15　数控加工刀具卡片

数控加工刀具卡片			零件名称		零件图号		材料牌号		材料硬度
班级			加工车间		设备型号		夹具名称		
工序名称	工序号	程序号	设备名称						
工步号	刀具号	刀具名称	刀具参数/mm				刀具（片）材料		备注
			刀具（尖）直（半）径	半径补偿量	长度（位置）补偿量	刀头方位		偏置号	刀柄型号
								半径	长度
编制		审核			批准		共　页	第　页	

凹凸圆（球）练习件的编程及车削加工

1. 任务内容描述

加工图 8-7 所示的凹凸圆（球）练习件。已知毛坯材料为 2A12，毛坯尺寸为 ϕ45mm×100mm，棒料。要求制订零件加工工艺方案，编写数控加工程序，并在仿真软件上进行虚拟加工，然后在数控车床上进行实际加工，最后对零件进行检测和评价。

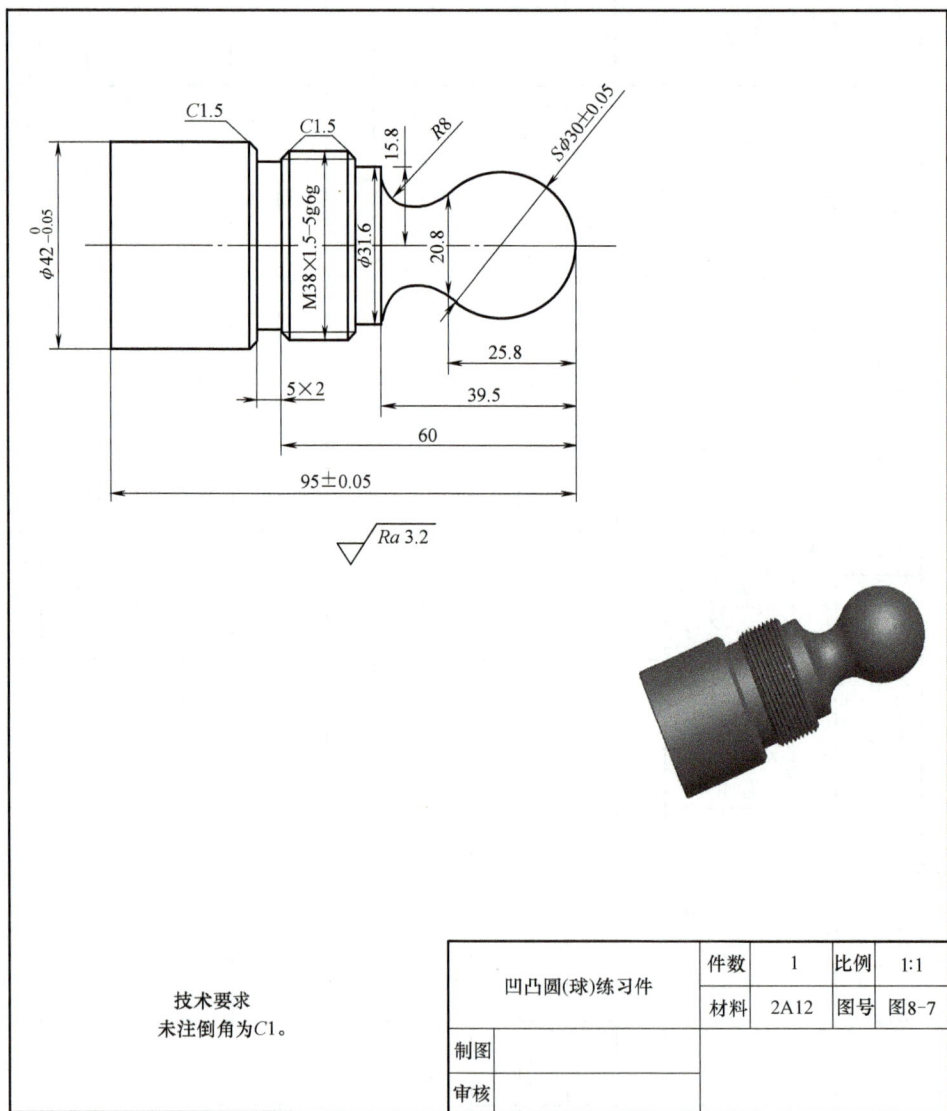

技术要求
未注倒角为C1。

凹凸圆(球)练习件		件数	1	比例	1:1
		材料	2A12	图号	图8-7
制图					
审核					

图 8-7　凹凸圆（球）练习件

2. 确定工件零点并绘制走刀路线图（见表 8-16 和表 8-17）

表 8-16　数控加工走刀路线图卡片（一）

数控加工走刀路线图			
机床型号：CK6140	系统型号：FANUC Series 0i Mate-TD	零件图号：图 8-7	加工内容：粗、精车外圆各表面
工步号	1、2	程序号	O1111

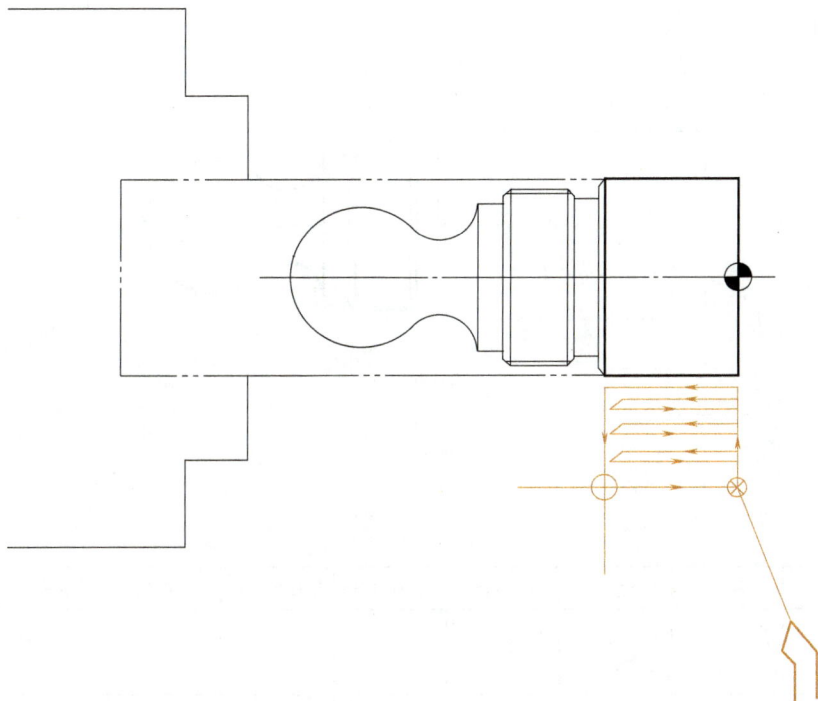

含义	抬刀	下刀	编程原点	起刀点	走刀方向	走刀线相交	爬斜坡	铰孔	行切
符号	⊕	⊗	◕	○→	→	↓		○—•—•	⊐
编程			校对			审批		共　页	第　页

3. 工艺分析

1）夹持工件右端，粗、精车外径 ϕ42mm、长度 30mm，达到图样要求尺寸并倒角。

2）掉头车端面，保证总长 95mm。

3）装夹 ϕ42mm 外圆，粗、精车外径 $S\phi$30mm、ϕ31.6mm、ϕ38mm、R8mm，长度 39.5mm、60mm，达到图样要求尺寸并倒角。

4）切槽 5mm×2mm 并保证尺寸要求。

5）粗、精车螺纹 M38×1.5，达到图样要求尺寸。

表 8-17 数控加工走刀路线图卡片（二）

数控加工走刀路线图			
机床型号：CK6140	系统型号：FANUC Series 0i Mate-TD	零件图号：图 8-7	加工内容：粗、精车外圆各表面，切槽，车螺纹
工步号	1、2、3、4	程序号	O2222

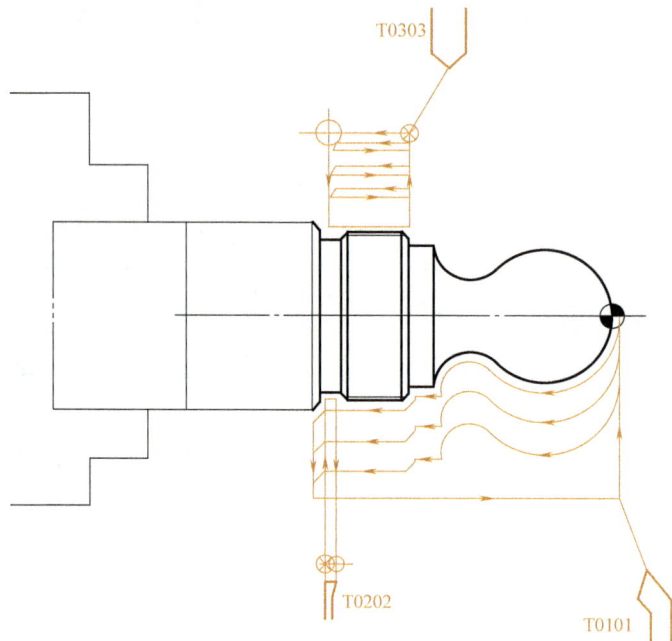

含义	抬刀	下刀	编程原点	起刀点	走刀方向	走刀线相交	爬斜坡	铰孔	行切
符号	⊕	⊗	◐	•→	→	⌄	•—•	•—○○•	⌐→
编程			校对			审批		共 页	第 页

※注意的问题：

_____

_____

4. 编制程序清单（见表 8-18）

表 8-18 数控加工程序清单（O1111、O2222）

数控加工程序清单			零件图号	零件名称
姓名	学号	成绩	图 8-7	凹凸圆（球）练习件
程序号	O1111、O2222		工步及刀具	说明
O1111； M03 S1000； T0101； G00 X46 Z2； G71 U1 R1；			粗车外圆各表面 T0101（菱形刀）	加工前先设置相应刀具参数

（续）

数控加工程序清单			零件图号	零件名称
姓名	学号	成绩	图 8-7	凹凸圆（球）练习件
程序号		O1111、O2222	工步及刀具	说明
G71 P1 Q2 U1 W0 F0.2； N1 G01 X42； Z0； Z-30； N2 G00 X100； Z100； T0101； M03 S1500； G00 X46 Z2； G70 P1 Q2 F0.1； G00 X100； Z100； M30；			精车外圆各表面 T0101	
O2222； T0101； M03 S1000； G00 G42 X46 Z2； G73 U23 R25； G73 P1 Q2 U1 W0 F0.08； N1 G01 X0； Z0； G03 X20.8 Z-25.8 R30； G02 X31.6 Z-39.5 R8； G01 Z-45； X36.5 Z-46.5； Z-65； X49； X42 Z-66.5； N2 G00 X46； G00 G40 X100； Z100； T0101； M03 S1200； G00 G42 X46 Z2； G70 P1 Q2 F0.1； G00 G40 X100； Z100； M00；			T0101（菱形刀） 建立刀补 G42，用 G73 指令车圆弧 精车外圆各表面 T0101（菱形刀）	加工结束后进行尺寸修调 加工前先设置相应刀具参数 加工结束后进行尺寸修调
T0202； M03 S520； G00 X44 Z2； Z-65；			换切槽刀 T0202	

（续）

数控加工程序清单			零件图号	零件名称
姓名	学号	成绩	图 8-7	凹凸圆（球）练习件
程序号	O1111、O2222		工步及刀具	说明

G01 X34.2 F0.08；
G00 X44；
W2；
G01 X34.2F0.08；
W1.5；
G01 X38 F0.08；
X35 W-1.5；
X34；
Z-65；
G00 X100；
Z100；
M00；

T0303；
M03 S520；
G00 X40 Z2；　　　　　　　　　　　　　车螺纹
Z-40；
G92 X37.2 Z-62 F1.5；
X36.9；
X36.6；
X36.4；
X36.3；
X36.3；
G00 X100；
Z100；
M30；

◢▷ **练习与思考**

一、选择题

1.高速车螺纹时，硬质合金车刀刀尖角应（　　　）螺纹的牙型角。

A. 小于　　　　　　　　B. 等于　　　　　　　　C. 大于

2.三角形螺纹的牙型角为（　　　）。

A. 30°　　　　　　B. 40°　　　　　　C. 55°　　　　　　D. 60°

3.用带有径向前角的螺纹车刀车普通螺纹，磨刀时必须使刀尖角（　　　）牙型角。

A. 大于　　　　　　　　B. 等于　　　　　　　　C. 小于

4.加工螺纹时，进给功能字 F 后的数字表示（　　　）。

A. 每分钟进给量（mm/min）　　　　　　B. 每秒钟进给量（mm/s）

C. 每转进给量（mm/r）　　　　　　　　D. 螺纹螺距（mm）

5. 加工螺纹时，为了减小切削阻力，提高切削性能，刀具前角往往较大，此时如用焊接螺纹车刀，磨制出 60°的刀尖角，则精车出的螺纹牙型角（　　）。

A. 大于 60°　　　　B. 小于 60°　　　　C. 等于 60°　　　　D. 以上都有可能

6. 有一普通螺纹的公称直径为 12mm，螺距为 1mm，单线，中径公差带代号为 6g，顶径公差带代号为 6g，旋合长度为 L，左旋，则正确的标记为（　　）。

A. M12×1-6g6g-LH　　　　　　　　B. M12×1-6g-L-LH

C. M12×1-6g6g-L 左

7. 加工螺纹时，应适当考虑车削开始时的导入距离，该值一般取（　　）较为合适。

A. 1~2mm　　　　B. P　　　　C. （2~3）P

8. 如果数控车床能加工螺纹，则其主轴上一定安装了（　　）。

A. 测速发电机　　B. 脉冲发生器　　C. 温度控制器　　D. 光电管

二、判断题

1. 螺旋面上沿牙侧各点的螺纹升角都不相等。（　　）

2. 加工右旋螺纹时，必须用 M04 指令使车床主轴反转。（　　）

3. 分多层切削加工螺纹时，应尽可能平均分配每层切削的背吃刀量。（　　）

4. 加工多线螺纹时，加工完一条螺纹后，加工第二条螺纹的起点应与第一条螺纹的起点相隔一个导程。（　　）

5. 利用 G92 指令既可以加工寸制螺纹，又可以加工米制螺纹。（　　）

6. 外螺纹的公称直径是指螺纹大径。（　　）

7. 对于所有的数控系统，其 G、M 功能的含义与格式完全相同。（　　）

8. 数控车床刀尖圆弧半径补偿参数包括刀尖圆弧半径 R 和刀尖方位代码 T。（　　）

三、简答题

1. 写出 G92 指令的格式并解释各功能字的含义。

2. 车螺纹时哪些原因会造成牙型不正确？

3. 编程时为什么要设置足够的螺纹升速段和螺纹降速段？

4. 车螺纹时如何选取主轴转速？

项目九　典型轴类零件的编程及车削加工

　　加工图 9-1 所示的典型轴类零件。已知毛坯材料为 45 钢，毛坯尺寸为 $\phi 45\text{mm} \times 100\text{mm}$，棒料。要求制订零件加工工艺方案，编写数控加工程序，并在仿真软件上进行虚拟加工，然后在数控车床上进行实际加工，最后对零件进行检测和评价。

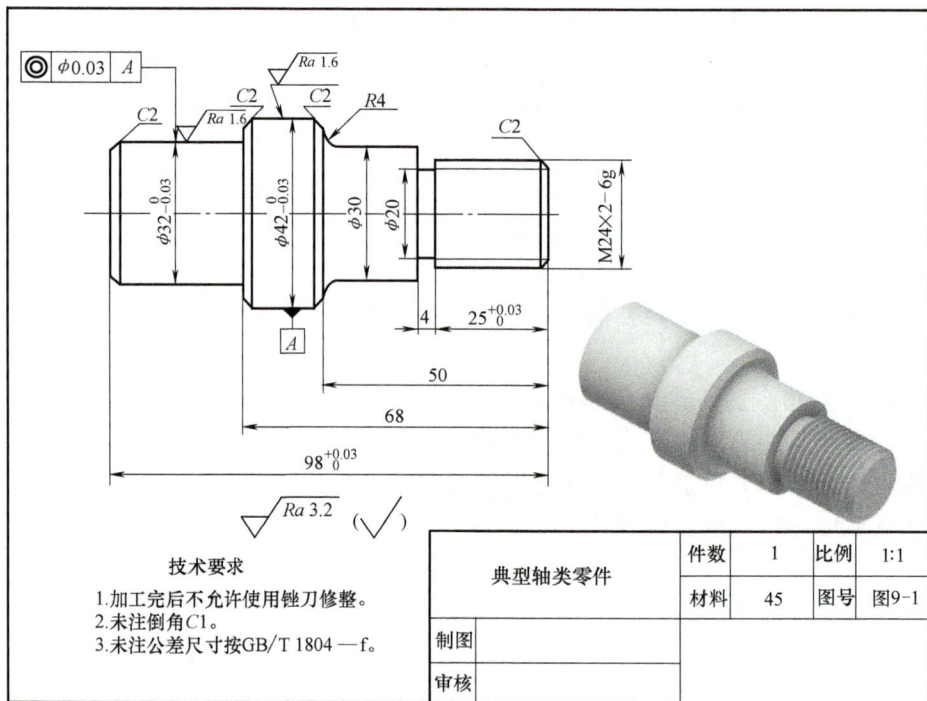

图 9-1　典型轴类零件

1）能制订典型轴类零件的车削加工工艺方案。

2）能编制典型轴类零件的数控加工程序，并能在仿真软件上进行虚拟加工。

3）能将零件正确地装夹在自定心卡盘上。

4）能将外圆车刀、切槽刀、外螺纹车刀正确地安装在刀架上。

5）能使用 CK6136S 数控车床加工典型轴类零件。

6）能正确使用游标卡尺、半径样板、螺纹环规对典型轴类零件进行检测。

7）能对零件进行评价并分析超差原因。

学习环节一　制订工艺方案

1. 分析零件图工艺信息

教师布置工作任务，学生提出问题，教师解答，学生填写零件图工艺信息分析卡片，见表9-1。

表9-1　零件图工艺信息分析卡片

班级			姓名	学号	成绩
零件图号	图9-1	零件名称	典型轴类零件	材料牌号	45
分析内容		分析理由			
形状、尺寸大小		该零件的加工面有端面、外圆柱面、倒角面、台阶面、槽及螺纹，其形状比较简单，是较典型的短轴类零件。因此，可选择CK6136S数控车床进行加工，刀具选择外圆车刀、切槽刀和外螺纹车刀			
结构工艺性		该零件的结构工艺性好，便于装夹、加工。因此，可选用标准刀具进行加工			
几何要素、尺寸标注		该零件轮廓几何要素定义完整，尺寸标注符合数控加工要求，有统一的设计基准，且便于加工、测量			
尺寸精度、表面粗糙度		外圆柱面 $\phi32_{-0.03}^{0}$ mm、$\phi42_{-0.03}^{0}$ mm，长度 $98_{0}^{+0.03}$ mm、$25_{0}^{+0.03}$ mm 及螺纹 M24×2-6g 的尺寸精度要求较高，其中外圆柱面的尺寸标准公差等级为 IT8～IT9，表面粗糙度值最低为 $Ra1.6\mu m$，其余为 $Ra3.2\mu m$。初步确定加工方案为粗车外圆→精车外圆→切槽→车螺纹			
材料及热处理		零件材料为 45 钢，无热处理要求，其力学性能好，硬度不高，易于切削加工，因此被广泛用于机械制造。但其淬火性能并不好，可淬硬至 42～46HRC。如果既需要较高的表面硬度，又希望发挥 45 钢良好的力学性能，可对其进行表面渗碳处理			
其他技术要求		要求锐角倒钝，故编程时在锐角处安排倒角 C1			
生产类型、定位基准		生产类型为单件生产，因此，应按单件小批生产类型制订工艺规程，定位基准可选择外圆表面			

※问题记录：

_____

_____

2. 确定加工工艺

小组讨论并填写加工卡片，见表9-2。

3. 选择刀具

教师提出问题，学生查阅资料并填写刀具卡片，见表9-3。

1）数控车床一般均使用机夹可转位车刀。本零件材料为 45 钢，对刀片材料无特殊要求，选择常用的涂层硬质合金刀片即可。本任务涉及外圆、槽及外螺纹的加工，故选择外圆车刀、切槽刀和外螺纹车刀。机夹可转位车刀所使用的刀片为标准角度，外圆表面的加工选择数控车床常用菱形刀片，刀尖角为 80°，主偏角为 93°，刀尖圆弧半径为 0.4mm。粗、精加工外圆表面使用一把刀具即可。

表9-2 加工工艺卡片

班级			姓名		学号		成绩	
			零件图号			零件名称	使用设备	场地
			图9-1			典型轴类零件	CK6136S 数控车床	数控加工实训中心
程序号	O0090、O0091		材料牌号			45	数控系统	FANUC Series 0i Mate-TD
工步号	工步内容		确定理由			量具选用		备注
						名称	量程/mm	
1	车左端面		车平端面,建立长度基准,保证工件长度要求。车削完的端面在后续加工中不需要再加工			0.02mm 游标卡尺	0~150	手动
2	粗车左侧各外圆表面		在较短时间内去除毛坯大部分余量,满足精车余量均匀性要求			0.02mm 游标卡尺	0~150	自动
3	精车左侧各外圆表面		保证零件加工精度,按图样尺寸一刀连续加工出零件轮廓			0.02mm 游标卡尺	0~150	自动
4	掉头车右端面（含Z向对刀）		车平端面,建立长度基准,保证工件长度要求。车削完的端面在后续加工中不需要再加工			0.02mm 游标卡尺	0~150	手动
5	粗车右侧各外圆表面		在较短时间内去除毛坯大部分余量,满足精车余量均匀性要求			0.02mm 游标卡尺	0~150	自动
6	精车右侧各外圆表面		保证零件加工精度,按图样尺寸一刀切出零件轮廓			0.02mm 游标卡尺	0~150	自动
7	切槽		使用切槽刀加工螺纹退刀槽			0.02mm 游标卡尺	0~150	自动
8	加工外螺纹		使用外螺纹车刀分层加工螺纹			螺纹环规	M24×2	自动

※小组讨论：

_____

_____

2）切槽刀选择3mm宽刀片。

3）外螺纹车刀选择60°的螺纹刀片，可加工螺距为2mm的螺纹。

表9-3 刀具卡片

班级			姓名			学号		成绩	
			零件图号	图9-1		零件名称		典型轴类零件	
工步号	刀具号	刀具名称	刀具参数				刀片材料	偏置号	刀柄型号/(mm×mm)
			刀尖圆弧半径/mm	刀尖方位	刀片型号				
1	T01	93°外圆车刀	0.4	3	DCMT11T304-HF		涂层硬质合金	—	SDJCR2020K11 （20×20）
2	T01	93°外圆车刀	0.4	3	DCMT11T304-HF		涂层硬质合金	01	SDJCR2020K11 （20×20）

（续）

班级			姓名		学号		成绩
			零件图号	图9-1	零件名称		典型轴类零件

工步号	刀具号	刀具名称	刀具参数			刀片材料	偏置号	刀柄型号/（mm×mm）
			刀尖圆弧半径/mm	刀尖方位	刀片型号			
3	T01	93°外圆车刀	0.4	3	DCMT11T304-HF	涂层硬质合金	01	SDJCR2020K11（20×20）
4	T01	93°外圆车刀	0.4	3	DCMT11T304-HF	涂层硬质合金	01	SDJCR2020K11（20×20）
5	T01	93°外圆车刀	0.4	3	DCMT11T304-HF	涂层硬质合金	01	SDJCR2020K11（20×20）
6	T01	93°外圆车刀	0.4	3	DCMT11T304-HF	涂层硬质合金	01	SDJCR2020K11（20×20）
7	T02	切槽刀（刀宽为3mm）	—	3	N123D2-0150-CM	涂层硬质合金	02	RF123D08-2020B（20×20）
8	T03	外螺纹车刀	—	3	RT16.01N-200GM	涂层硬质合金	03	SWR2020K16（20×20）

※问题记录：

_____

_____

_____

4. 选择切削用量

小组讨论，学生查阅资料并填写切削用量卡片。

（1）粗加工　首先取 $a_p=3$mm，其次取 $f=0.2$mm/r，最后取 $v_c=120$m/min。根据公式 $n=\dfrac{1000v_c}{\pi d}$ 计算并选取主轴转速 $n=1000$r/min，根据公式 $v_f=fn$ 计算出进给速度 $v_f=200$mm/min，填入表9-4中。

（2）精加工　首先取 $a_p=0.3$mm，其次取 $f=0.08$mm/r，最后取 $v_c=200$m/min。根据公式 $n=\dfrac{1000v_c}{\pi d}$ 计算并选取主轴转速 $n=1500$r/min，根据公式 $v_f=fn$ 计算出进给速度 $v_f=120$mm/min，填入表9-4中。

（3）槽的加工　首先取 $a_p=4$mm，其次取 $f=0.05$mm/r；最后取 $v_c=80$m/min。根据公式 $n=\dfrac{1000v_c}{\pi d}$ 计算并选取主轴转速 $n=600$r/min，根据公式 $v_f=fn$ 计算出进给速度 $v_f=30$mm/min，填入表9-4中。

（4）螺纹的加工　首先取 $f=2$mm/r，然后计算车螺纹时的主轴转速

$$n\leqslant\frac{1200}{P}-K$$

式中，P 为螺距（mm）；K 为保险系数，一般取80。

则 $n=520\mathrm{r/min}$，取整为 $n=500\mathrm{r/min}$，填入表 9-4。

表 9-4　切削用量卡片

班级			姓名		学号	成绩
			零件图号	图 9-1	零件名称	典型轴类零件
工步号	刀具号	切削速度 $v_c/(\mathrm{m/min})$	主轴转速 $n/(\mathrm{r/min})$	进给量 $f/(\mathrm{mm/r})$	进给速度 $v_f/(\mathrm{mm/min})$	背吃刀量 a_p/mm
2	T01	120	1000	0.2	200	3
3	T01	200	1500	0.08	120	0.3
5	T01	120	1000	0.2	200	3
6	T01	200	1500	0.08	120	0.3
7	T02	80	600	0.05	30	4
8	T03	40	500	2	—	逐渐递减

※小组讨论：

5. 确定工件零点并绘制走刀路线图

填写数控加工走刀路线图卡片，见表 9-5~表 9-8 。

表 9-5　数控加工走刀路线图卡片（一）

数控加工走刀路线图			
机床型号：CK6136S	系统型号：FANUC Series 0i Mate-TD	零件图号：图 9-1	加工内容：粗、精车左端外圆表面
工步号	2、3	程序号	O0090

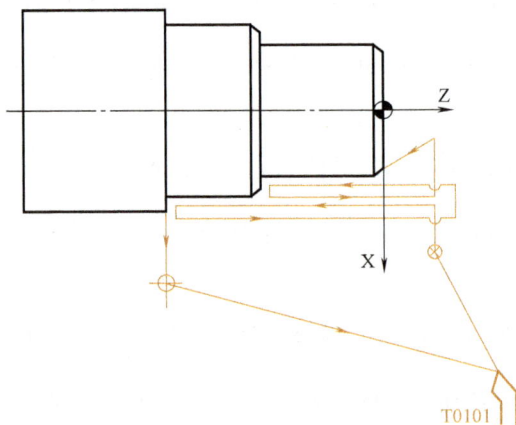

含义	抬刀	下刀	编程原点	起刀点	走刀方向	走刀线相交	爬斜坡	铰孔	行切
符号	⊕	⊗							
编程			校对			审批		共　页	第　页

表 9-6　数控加工走刀路线图卡片（二）

数控加工走刀路线图			
机床型号：CK6136S	系统型号：FANUC Series 0i Mate-TD	零件图号：图 9-1	加工内容：粗、精车右端外圆表面
工步号	5、6	程序号	O0091

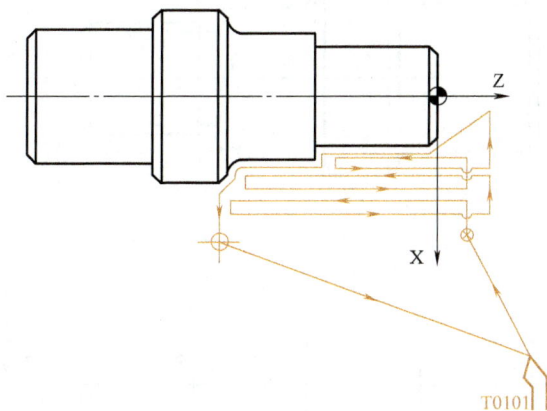

含义	抬刀	下刀	编程原点	起刀点	走刀方向	走刀线相交	爬斜坡	铰孔	行切
符号	⊕	⊗	◕	∘→	→	↘↓	∘—	∘∿∘	⊐→
编程			校对			审批		共　页	第　页

表 9-7　数控加工走刀路线图卡片（三）

数控加工走刀路线图			
机床型号：CK6136S	系统型号：FANUC Series 0i Mate-TD	零件图号：图 9-1	加工内容：车槽
工步号	7	程序号	O0091

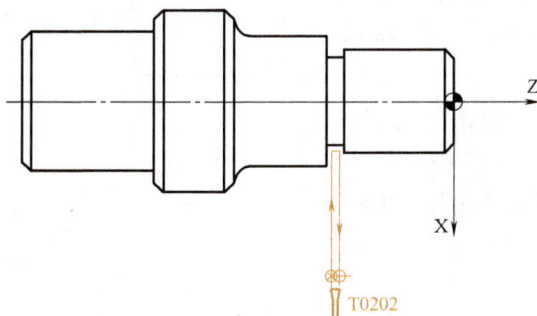

含义	抬刀	下刀	编程原点	起刀点	走刀方向	走刀线相交	爬斜坡	铰孔	行切
符号	⊕	⊗	◕	∘→	→	↘↓	∘—	∘∿∘	⊐→
编程			校对			审批		共　页	第　页

表 9-8　数控加工走刀路线图卡片（四）

数控加工走刀路线图			
机床型号：CK6136S	系统型号：FANUC Series 0i Mate-TD	零件图号：图 9-1	加工内容：车螺纹
工步号	8	程序号	O0091

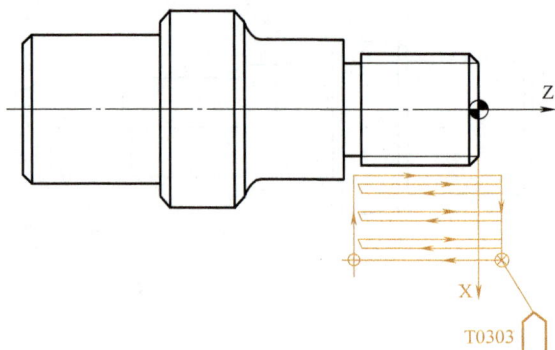

含义	抬刀	下刀	编程原点	起刀点	走刀方向	走刀线相交	爬斜坡	铰孔	行切
符号	⊕	⊗							
编程			校对			审批		共　页	第　页

6. 数学处理

1）典型轴类零件主要尺寸的程序设定值一般取图样尺寸的中值，如 $\phi 32_{-0.03}^{0}$ mm 的编程尺寸为 $\phi 31.985$ mm。

2）编制螺纹加工程序时，应首先考虑螺纹加工起刀点及结束点的位置。取螺纹升速段 $\delta_1 = 4$ mm，降速段 $\delta_2 = 2$ mm，如图 9-2 所示。

3）螺纹底径尺寸 $d = D - 1.2P = (24 - 1.2 \times 2)$ mm $= 21.6$ mm。

4）螺纹加工背吃刀量遵循递减原则：0.8mm、0.6mm、0.5mm、0.4mm、0.2mm、0.1mm。

5）加工倒角时，需要计算倒角延长线。右端延长线起点坐标：已知 Z = 3，则 X = 24 - 2×(2+3) = 14；左端延长线起点坐标：已知 Z = 3，则 X = 32 - 2×(2+3) = 22。

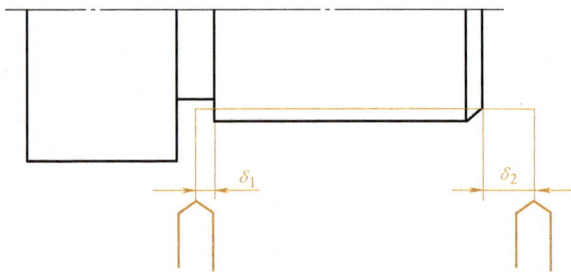

图 9-2　δ_1 和 δ_2 的含义

7. 工艺分析

1）装夹工件右端，粗、精车外径 $\phi 32$ mm、$\phi 42$ mm，长度 30mm、18mm，达到图样要求尺寸并倒角 C2。

2）掉头车端面，保证总长 98mm。

3）装夹工件 $\phi 32$ mm，粗、精车外径 M24×2、$\phi 30$ mm、R4mm，长度 25mm、50mm，达到图样要求尺寸并倒角 C2。

4）切槽 $\phi 20$ mm×4mm 达到图样要求尺寸。

5）粗、精车螺纹 **M24×2** 并保证尺寸。

学习环节二 数控加工程序编制和仿真加工

1. 编制程序清单（见表 9-9）

表 9-9 数控加工程序清单（O0090、O0091）

数控加工程序清单			零件图号	零件名称
姓名	学号	成绩	图 9-1	典型轴类零件
程序号		O0090、O0091	工步及刀具	说明
O0090; M03 S1000; T0101; G00 X47 Z2; G71 U1 R1; G71 P1 Q2 U0.5 W0 F0.2; N1 G00 X28; G01 Z0; X32 Z-2; Z-30; X38; X42 Z-32; Z-50; N2 G00 X47; G00 X100; Z100; T0101; M03 S1500; G00 X47 Z2; G70 P1 Q2 F0.08; G00 X100; Z100; M30;			粗车左端外圆各表面 T0101 精车左端外圆各表面 T0101	
O0091; M03 S1000; T0101; G00 G42 X47 Z2; G71 U1 R1; G71 P1 Q2 U0.5 W0 F0.2; N1 G00 X20; G01 Z0; X24 Z-2; Z-29; X30; Z-46; G03 X38 Z-46 R4; N2 G01 X42 Z-52; G00 X100;			粗车右端外圆各表面 T0101	

（续）

数控加工程序清单			零件图号	零件名称
姓名	学号	成绩	图 9-1	典型轴类零件
程序号		O0090、O0091	工步及刀具	说明

Z100;	精车右端外圆各表面	
T0101;	T0101	
M03 S1500;		
G00 G42 X47 Z2;		
G70 P1 Q2 F0.08;		
G00 X100;		
Z100;		
M00;		
T0202;		
M03 S600;	换切槽刀 T0202	
G00 X32 Z2;		
Z-29;		
G01 X20.2 F0.05;		
G00 X34;		
Z-28;		
G01 X20 F0.05;		
Z-29;		
G00 X100;		
Z100;		
M00;		
T0303;	换外螺纹车刀 T0303	
M03 S500;		
G00 X26 Z2;		
G92 X23.2 Z-62 F2;	分六次车削螺纹	
X22.6;		
X22.1;		
X21.7;		
X21.5;		
X21.4;		
X21.4;		
G00 X100;		
Z100;		
M30;		

2. 仿真加工

1）打开 vnuc3.0 数控加工仿真与远程教学系统，并选择机床。

2）设置机床回零点。

3）选择毛坯、材料、夹具，装夹工件。

4）安装刀具。

5）建立工件坐标系。

6）上传数控加工程序。

7）自动加工。

仿真加工后的工件如图 9-3 所示。

图 9-3 仿真加工后的工件·

学习环节三 实际加工

1. 毛坯、刀具、工具、量具准备

1）将 φ45mm×100mm 的棒料毛坯正确地装夹在自定心卡盘上。

2）将 93°外圆车刀正确地安装在刀架 1 号刀位上，切槽刀正确地安装在刀架 2 号刀位上，外螺纹车刀正确地安装在 3 号刀位上。

3）正确摆放所需工具、量具。

2. 程序输入与编辑

1）开机。

2）回参考点。

3）输入程序。

4）程序图形校验。

3. 零件的数控车削加工

1）主轴正转。

2）X 向对刀，Z 向对刀，设置工件坐标系。

3）设置相应刀具参数。

4）自动加工。

学习环节四 零件检测

1. 自检

学生使用游标卡尺、半径样板、螺纹环规等量具对零件进行检测。

2. 填写零件质量检测结果报告单（见表 9-10）

3. 小组评价（见表 9-11）

4. 考核结果报告单（见表 9-12）

表 9-10 零件质量检测结果报告单

班级			姓名		学号		成绩
零件图号		图 9-1		零件名称		典型轴类零件	

序号	考核项目	考核内容		配分	评分标准	检测结果 学生	检测结果 教师	得分
1	圆柱面	$\phi 32_{-0.03}^{0}$ mm	IT	8	每超差 0.01mm 扣 2 分			
			Ra	8	降一级扣 2 分			
2		$\phi 42_{-0.03}^{0}$ mm	IT	8	每超差 0.01mm 扣 2 分			
			Ra	8	降一级扣 2 分			
3		$\phi 30$mm	IT	6	每超差 0.01mm 扣 2 分			
			Ra	4	降一级扣 2 分			
4	外螺纹	M24×2-6g	IT	8	每超差 0.01mm 扣 2 分			
			Ra	8	降一级扣 2 分			
5	长度	$25_{0}^{+0.03}$ mm	IT	8	每超差 0.01mm 扣 2 分			
6		50mm	IT	4	每超差 0.01mm 扣 2 分			
7		68mm	IT	4	每超差 0.01mm 扣 2 分			
8		$98_{0}^{+0.03}$ mm	IT	6	每超差 0.01mm 扣 2 分			
9	槽	$\phi 20$mm×4mm	IT	6	每超差 0.01mm 扣 2 分			
			Ra	4	降一级扣 2 分			
10	凹圆面	R4mm	IT	8	每超差 0.01mm 扣 2 分			
			Ra	4	降一级扣 2 分			

表 9-11 小组评价表

班级		零件名称	零件图号	小组编号
		典型轴类零件	图 9-1	
姓名	学号	表现	零件质量	排名

表 9-12　考核结果报告单

班级		姓名		学号		成绩	
		零件图号	图 9-1	零件名称		典型轴类零件	
序号	项目	考核内容			配分	得分	项目成绩
1	零件质量 （40 分）	圆柱面			16		
		外螺纹			6		
		长度			10		
		凹圆面			4		
		槽			4		
2	工艺方案制订 （20 分）	分析零件图工艺信息			6		
		确定加工工艺			6		
		选择刀具			3		
		选择切削用量			3		
		确定工件零点并绘制走刀路线图			2		
3	编程仿真 （15 分）	程序编制			6		
		仿真加工			9		
4	刀具、夹具、 量具使用 （10 分）	游标卡尺的使用			3		
		螺纹环规的使用			2		
		刀具的安装			3		
		工件的装夹			2		
5	安全文明生产 （10 分）	按要求着装			2		
		操作规范，无操作失误			5		
		认真维护机床			3		
6	团队协作（5 分）	能与小组成员和谐相处，互相学习，互相帮助			5		

学习环节五　学习评价

1. 加工质量分析报告（见表 9-13）

表 9-13　加工质量分析报告

班级		零件名称		零件图号	
		典型轴类零件		图 9-1	
姓名		学号		成绩	
超差形式			原　因		

2. 个人工作过程总结（见表9-14）

表 9-14　个人工作过程总结

班级		零件名称		零件图号	
		典型轴类零件		图 9-1	
姓名		学号		成绩	

3. 小组总结报告（见表9-15）

表 9-15　小组总结报告

班级		零件名称		零件图号	
		典型轴类零件		图 9-1	
姓名			组名		

4. 小组成果展示（见表9-16和表9-17）

注：附最终加工零件。

表 9-16　数控加工工序卡片

数控加工工序卡片		零件名称		零件图号		材料牌号		材料硬度	
班级		工序名称		加工车间		设备名称		设备型号		夹具名称	
		工序号		程序号							

工步号	工步内容	刀具号	刀具规格 /mm	量具	切削速度 /(m/min)	主轴转速 /(r/min)	进给量 /(mm/r)	进给速度 /(mm/min)	背吃刀量 /mm	进给次数	备注

编制	审核	批准	共　页	第　页

表 9-17 数控加工刀具卡片

数控加工刀具卡片		零件名称		零件图号		材料牌号		材料硬度
班级	工序号	设备名称		设备型号		夹具名称		
工序名称	程序号	加工车间						
		刀具（片）材料		偏置号		刀柄型号		备注
工步号	刀具号	刀具名称	刀具（尖）直（半）径	刀具参数/mm				
				半径补偿量	长度（位置）补偿量	半径	长度	刀头方位
编制		审核		批准		共 页	第 页	

拓展知识

一、国家中级工考试练习件（一）的编程及车削加工

1. 任务内容描述

加工图 9-4 所示的练习件。已知毛坯材料为 45 钢，毛坯尺寸为 $\phi60mm \times 110mm$，棒料。要求制订零件加工工艺方案，编写数控加工程序，并在仿真软件上进行虚拟加工，然后在数控车床上进行实际加工，最后对零件进行检测和评价。

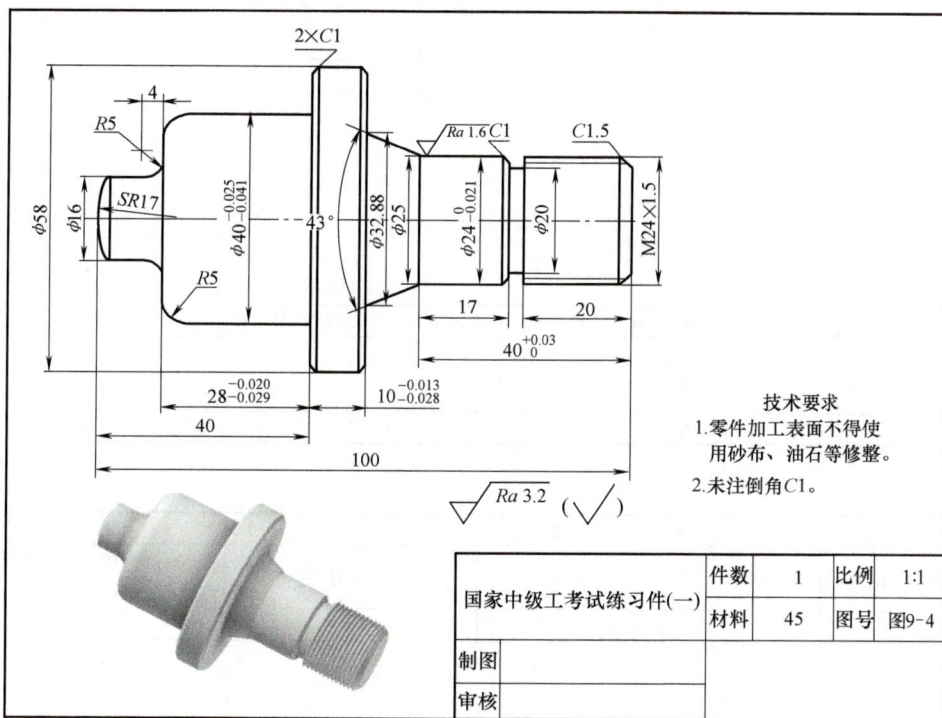

图 9-4　国家中级工考试练习件（一）编程及车削加工

2. 确定工件零点并绘制走刀路线图

填写数控加工走刀路线图卡片，见表 9-18 和表 9-19。

3. 工艺分析

1）装夹工件右端，粗、精车外径 $SR17mm$、$\phi16mm$、$R5mm$、$\phi40mm$、$\phi58mm$，长度 $28mm$、$40mm$、$10mm$，达到图样要求尺寸并倒角 $C1$。

2）掉头车端面，保证总长 $100mm$。

3）装夹工件左端，粗、精车外径 $M24 \times 1.5$、$\phi24mm$、$\phi25mm$、$\phi32.88mm$，长度 $20mm$、$17mm$、$40mm$，达到图样要求尺寸并倒角 $C1$ 和 $C1.5$。

4）切槽 $\phi20mm \times 3mm$，达到图样要求尺寸。

5）粗、精车螺纹 $M24 \times 1.5$，达到图样要求尺寸。

表 9-18   数控加工走刀路线图卡片（一）

数控加工走刀路线图			
机床型号：CK6140	系统型号：FANUC Series 0i Mate-TD	零件图号：图 9-4	加工内容：粗、精车左端外圆各表面
工步号	2、3	程序号	O3333

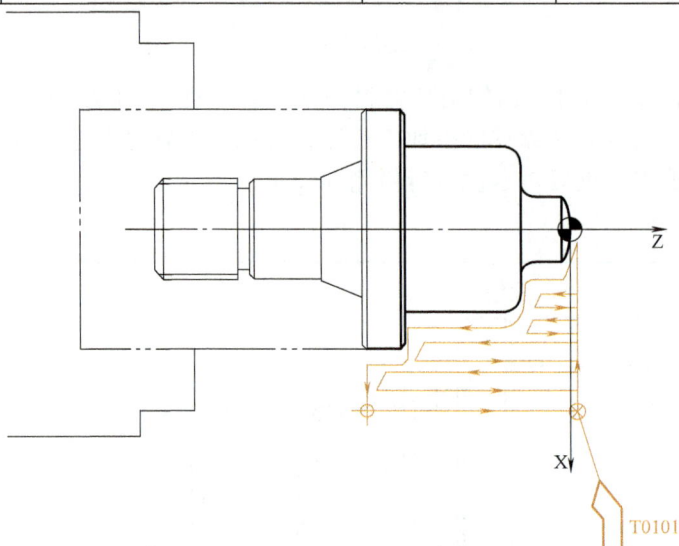

含义	抬刀	下刀	编程原点	起刀点	走刀方向	走刀线相交	爬斜坡	铰孔	行切
符号	⊕	⊗	◓	○→	→	⤵	／	○○●	▭
编程			校对			审批		共 页	第 页

表 9-19   数控加工走刀路线图卡片（二）

数控加工走刀路线图			
机床型号：CK6140	系统型号：FANUC Series 0i Mate-TD	零件图号：图 9-4	加工内容：粗、精车右端外圆各表面，切槽，车螺纹
工步号	5、6、7、8	程序号	O4444

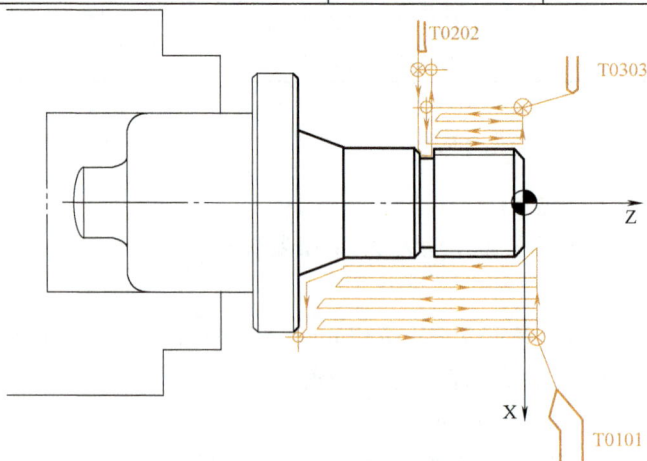

含义	抬刀	下刀	编程原点	起刀点	走刀方向	走刀线相交	爬斜坡	铰孔	行切
符号	⊕	⊗	◓	○→	→	⤵	／	○○●	▭
编程			校对			审批		共 页	第 页

※注意的问题：

_____

_____

_____

4. 编制程序清单（见表 9-20）

表 9-20　数控加工程序清单

数控加工程序清单			零件图号	零件名称
姓名	学号	成绩	图 9-4	练习件(一)
程序号		O3333、O4444	工步及刀具	说明
O3333; T0101; M03 S1000; G00 G42 X62 Z2; G71 U1 R1; G71 P1 Q2 U0.5 W0 F0.2; N1 G00 X0; G01 Z0; G03 X16 Z-2 R17; G01 Z-8; G02 X26 Z-12 R5; G01 X30; G03 X40 Z-17 R5; G01 Z-40; X56; X58 Z-41; Z-50; N2 G0 X62; G00 G40 X100; Z100; T0101; M03 S1500; G00 G42 X62 Z2; G70 P1 Q2 F0.08; G00 G40 X100; Z100; M30; O4444; T0101; M03 S1000; G00 G42 X62 Z2; G71 U1 R1; G71 P1 Q2 U0.05 W0 F0.2; N1 G00 X21; G01 Z0; X24 Z-1.5; Z-40; X25 X32.88 Z-50;			粗车外圆各表面 T0101(菱形刀) 精车外圆各表面 T0101 粗车外圆各表面 T0101(菱形刀)	加工前先设置相应刀具参数 加工结束后进行尺寸修调

（续）

数控加工程序清单			零件图号	零件名称
姓名	学号	成绩	图 9-4	练习件（一）
程序号	O3333、O4444		工步及刀具	说明
X56； X58 Z-51； N2 G00 X62 G00 G40 X100； Z100； T0101； M3 S1500； G00 G42 X62 Z2； G70 P1 Q2 F0.08； G00 G40 X100； Z100； M00；			精车外圆各表面 T0101（菱形刀）	加工前先设置相应刀具 参数
T0202； M03 S600； G00 X26 Z2； Z-23； G01 X20 F0.05； G00 X26； W-1； G01 X24 F0.05； X22 W1； G00 X100； Z100； M00；			换切槽刀 T0202	
T0303； M03 S500； G00 X26 Z2； G92 X23.2 Z-21 F1.5； X22.9； X22.6； X22.3； X22.1； X22.04； X22.04； G00 X100； Z100； M30；			车螺纹	加工结束后进行尺寸 修调

二、国家中级工考试练习件（二）的编程及车削加工

1. 任务内容描述

加工图 9-5 所示练习件。已知毛坯材料为 45 钢，毛坯尺寸为 φ60mm×110mm，棒料。要求制订零件加工工艺方案，编写数控加工程序，并在仿真软件上进行虚拟加工，然后在数控车床上进行实际加工，最后对零件进行检测和评价。

2. 确定工件零点并绘制走刀路线图

填写数控加工走刀路线图卡片，见表 9-21 和表 9-22。

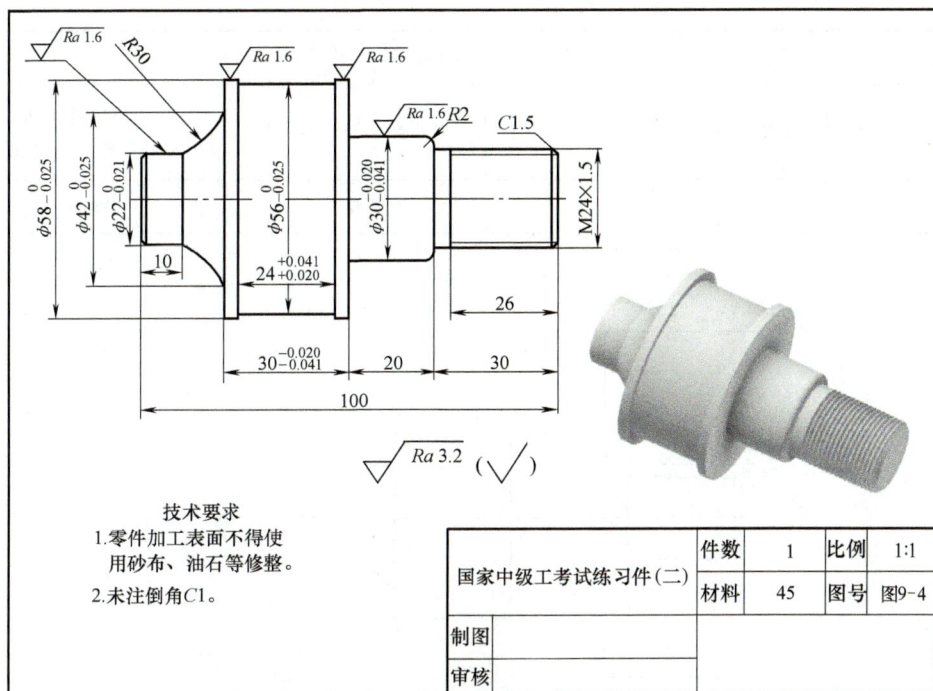

技术要求

1. 零件加工表面不得使用砂布、油石等修整。
2. 未注倒角C1。

国家中级工考试练习件（二）	件数	1	比例	1:1
	材料	45	图号	图9-4
制图				
审核				

图 9-5　国家中级工考试练习件（二）编程及车削加工

表 9-21　数控加工走刀路线图卡片（一）

数控加工走刀路线图			
机床型号：CK6140	系统型号：FANUC Series 0i Mate-TD	零件图号：图9-5	加工内容：粗、精车右端外圆各表面，车螺纹
工步号	5、6、8	程序号	O5555

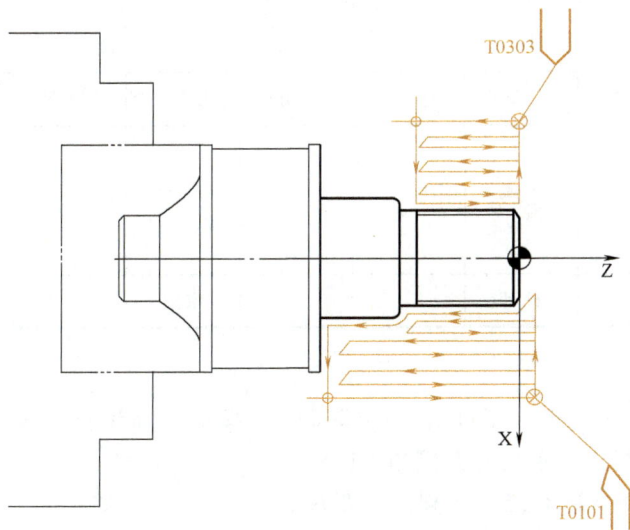

含义	抬刀	下刀	编程原点	起刀点	走刀方向	走刀线相交	爬斜坡	铰孔	行切
符号	⊕	⊗							
编程			校对			审批		共　页	第　页

表 9-22　数控加工走刀路线图卡片（二）

数控加工走刀路线图			
机床型号：CK6140	系统型号：FANUC Series 0i Mate-TD	零件图号：图 9-5	加工内容：粗、精车左端外圆各表面，切槽
工步号	1、2、7	程序号	O6666

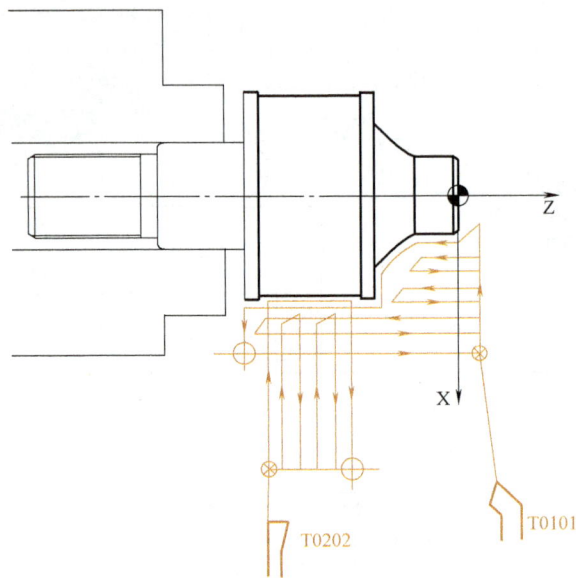

含义	抬刀	下刀	编程原点	起刀点	走刀方向	走刀线相交	爬斜坡	铰孔	行切
符号	⊕	⊗	◔	•→	←	↓		⚬⚬	⬛→
编程			校对			审批		共　页	第　页

3. 工艺分析

1）装夹工件左端，粗、精车外径 $\phi24$mm、$R2$mm、$\phi30$mm、$\phi58$mm，长度 26mm、30mm、20mm，达到图样要求尺寸并倒角 $C1.5$。

2）粗、精车螺纹 M24×1.5，达到图样要求。

3）掉头车端面，保证总长 100mm。

4）装夹 $\phi30$mm 外圆，粗、精车外径 $\phi22$mm、$\phi42$mm、$\phi58$mm、$R30$mm，长度 30mm、20mm，达到图样要求尺寸并倒角 $C1$。

5）切槽 $\phi56$mm×24mm，达到图样要求尺寸。

4. 编制程序清单（见表9-23）

表 9-23　数控加工程序清单

数控加工程序清单			零件图号	零件名称
姓名	学号	成绩	图 9-5	练习件(二)
程序号		O5555、O6666	工步及刀具	说明
O5555； T0101； M03 S1000； G00 G42 X62 Z2； G71 U1 R1； G71 P1 Q2 U1 W0 F0.2； N1 G01 X21； Z0； X24 Z-1.5； Z-30； X26； G03 X30 Z-32 R2； G01 Z-50； X56； X58 Z-51； Z-55； N2 G00 X62； G00 G40 X100； Z100；			粗车外圆各表面 T0101(菱形刀)	加工前先设置相应刀具参数
T0101； M03 S1500； G00 G42 X62 Z2； G70 P1 Q2 F0.1； G00 G40 X100； Z100； M00； T0303； M03 S520； G00 X26 Z2；			精车外圆各表面 T0101	加工结束后进行尺寸修调
G92 X23.8 Z-26 F1.5； X23.3； X22.9； X22.6； X22.3； X22.1； X22.04； X22.04； G00 X100； Z100； M30；			车螺纹(T0303)	

（续）

数控加工程序清单			零件图号	零件名称
姓名	学号	成绩	图 9-5	练习件（二）
程序号		O5555、O6666	工步及刀具	说明
O6666； T0101； M03 S1000； G00 G42 X62 Z2； G71 U1 R1； G71 P1 Q2 U1 W0 F0. 2； N1 G01 X20； Z0； X22 Z-1； Z-10； G02 X42 Z-20 R30； G01 X56； X58Z-51； Z-45； N2 G00 X62； G00 G40 X100； Z100； T0101； M03 S1500； G00 G42 X62 Z2； G70 P1 Q2 F0. 1； G00 G40 X100； Z100； M00； T0202； M03 S520； G00 X60 Z-2； Z-47； G01 X56. 2 F0. 08； G00 X60； W3； G01 X56. 2 F0. 08； G00 X60； W3； G01 X56. 2 F0. 08； G00 X60； W3； G01 X56. 2 F0. 08； G00 X60； W3； G01 X56. 2 F0. 08； G00 X60； W3； G01 X56. 2 F0. 08； G00 X60；			粗车外圆各表面 T0101（菱形刀） 精车外圆各表面 T0101（菱形刀） 换切槽刀 T0202	加工前先设置相应刀具参数

（续）

数控加工程序清单			零件图号	零件名称
姓名	学号	成绩	图9-5	练习件(二)
程序号		O5555、O6666	工步及刀具	说明

W3；
G01 X56.2 F0.08；
G00 X60；
W3；
G01 X56 F0.08；
Z-47；
G00 X100；
Z00；
M30；

加工结束后进行尺寸修调

三、国家中级工考试练习件编程与车削加工练习题（图9-6~图9-10）

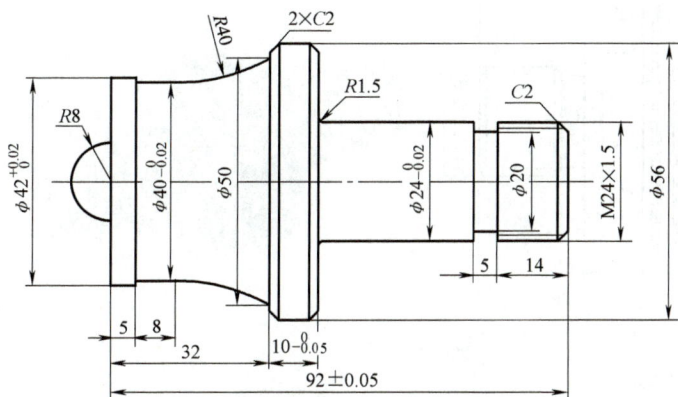

技术要求
1.零件加工表面不得用砂布、油石等修整。
2.未注倒角C1。

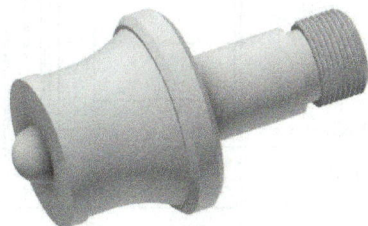

图9-6 练习题（一）

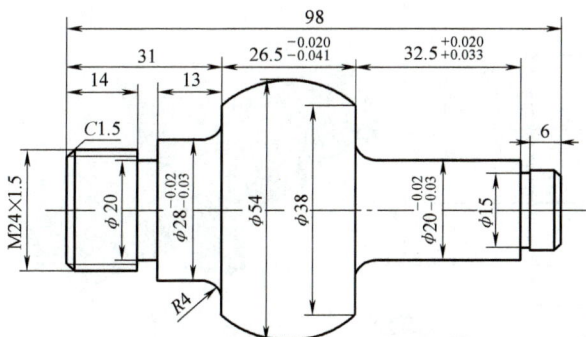

技术要求
1.零件加工表面不得用砂布、油石等修整。
2.未注倒角C1。

图9-7 练习题（二）

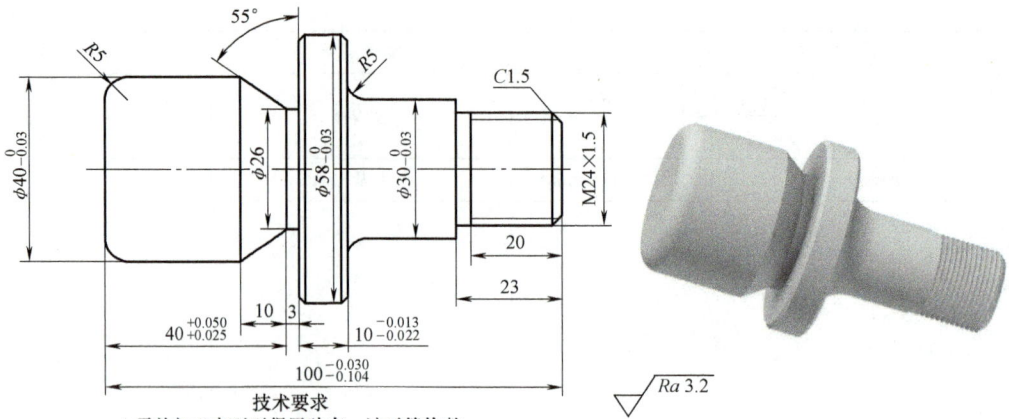

技术要求
1. 零件加工表面不得用砂布、油石等修整。
2. 未注倒角C1。

图 9-8   练习题（三）

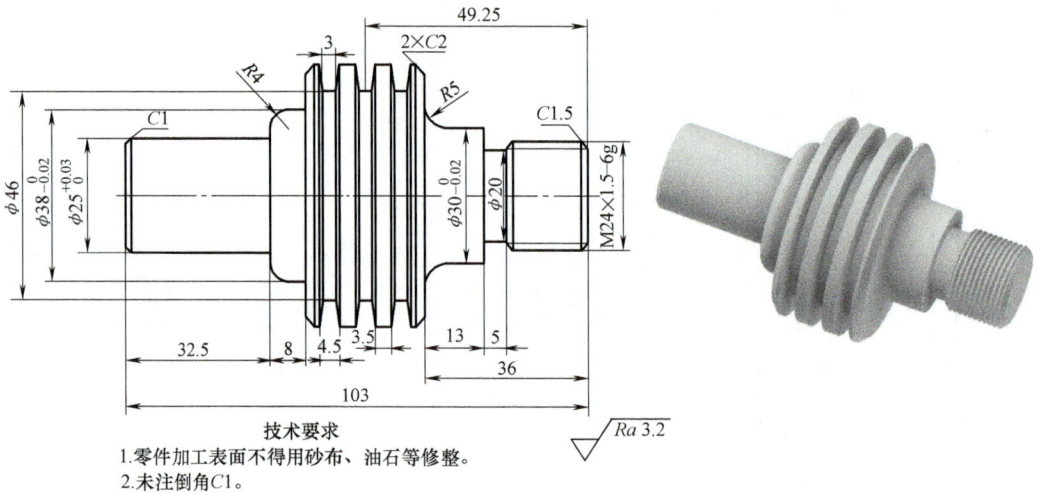

技术要求
1. 零件加工表面不得用砂布、油石等修整。
2. 未注倒角C1。

图 9-9   练习题（四）

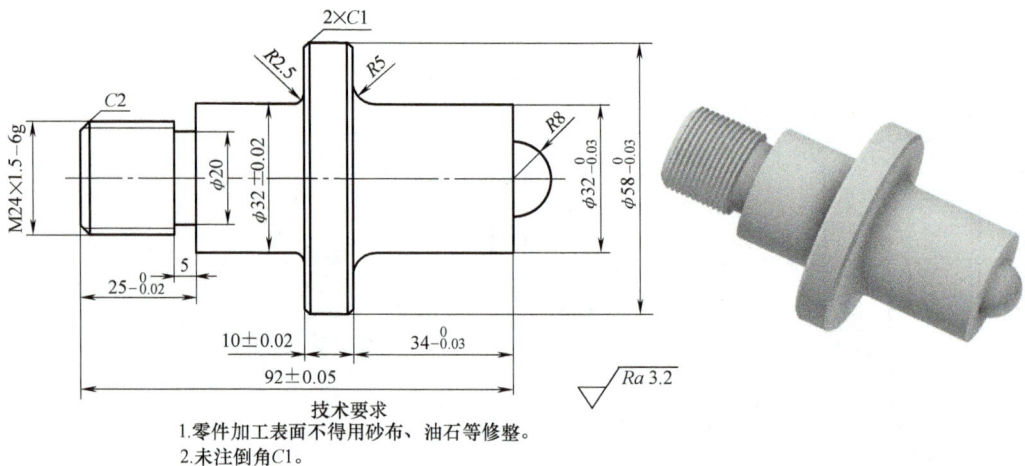

技术要求
1. 零件加工表面不得用砂布、油石等修整。
2. 未注倒角C1。

图 9-10   练习题（五）

练习与思考

一、选择题

1. 车削细长轴外圆时，车刀的主偏角应为（   ）。

A. 90°　　　　　B. 93°　　　　　C. 75°

2. 为了提高钢件的强度，应选用（   ）热处理。

A. 回火　　　　　B. 正火　　　　　C. 淬火+回火

3. 检验一般精度的圆锥角时，常使用（   ）。

A. 千分尺　　　　B. 锥形量规　　　C. 游标万能角度尺

4. 钢件精加工一般用（   ）。

A. 乳化液　　　　B. 极压切削液　　C. 切削油

5. 选择加工表面的设计基准作为定位基准的原则称为（   ）原则。

A. 基准重合　　　B. 基准统一　　　C. 自为基准　　　D. 互为基准

6. 用来确定本工序加工后的尺寸、形状、位置的基准称为（   ）基准。

A. 装配　　　　　B. 测量　　　　　C. 工序

7. 数控车削刀具涂层材料多采用（   ）材料，涂层后刀具表面呈金黄色。

A. 碳化钛　　　　B. 氮化钛　　　　C. 三氧化二铝

8. 为了保证加工过程中有较好的刚性，在数控车床上车削较重工件或粗车长轴时，常采用（   ）装夹。

A. 自定心卡盘　　B. 两顶尖　　　　C. 一夹一顶

9. 在数控车床上用硬质合金车刀精车钢件时，进给量常取（   ）mm/r。

A. 0.2~0.4　　　B. 0.5~0.8　　　C. 0.1~0.2

10. 数控加工程序中，（   ）指令是非模态的。

A. G01　　　　　B. F100　　　　　C. G92

二、判断题

1. 粗车时，选择切削用量的顺序是切削速度、进给量、背吃刀量。（   ）

2. 实际尺寸越接近公称尺寸，表明加工越精确。（   ）

3. 图样中没有标注几何公差的加工面，表示该加工面无几何公差要求。（   ）

4. 平行度、对称度都属于位置公差。（   ）

5. 数控车削钢质阶梯轴，当各台阶直径相差很大时，宜选用锻件。（   ）

6. 安排数控车削精加工时，零件的最终加工轮廓应由最后一刀连续加工而成。（   ）

7. 对刀点是指在数控车床上加工零件时刀具相对零件运动的起始点。（   ）

8. 恒线速度控制的原理是工件的直径越大，进给速度越慢。（   ）

9. 对于长度与直径之比小于4的短轴类零件，采用自定心卡盘以工件或毛坯的外圆定位可限制工件的三个自由度。（   ）

10. 在数控车床上用硬质合金车刀粗车零件时，进给量一般取 0.2~0.4mm/r。（   ）

三、简答题

1. 选择粗、精基准时应分别遵循什么原则？

2. 在数控车削加工中，保证工件同轴度、垂直度要求的装夹方法有哪些？分别适用于什么场合？

3. 简述数控车削加工工序的划分方法。

建议同学们：打开腾讯 App，搜索"央视新闻"公众号观看。

大国重器精密部件的"雕刻师"——孟维

项目十 内孔练习件的编程及车削加工

工作任务描述

加工孔时不易观察内表面的切削情况，不但刀具的结构尺寸受到限制，而且容屑、排屑、导向和冷却等问题都较为突出，是数控车削中加工难度较大的内容。

加工图 10-1 所示的内孔练习件。已知毛坯材料为 2A12，毛坯尺寸为 $\phi45\text{mm}\times100\text{mm}$，棒料。要求制订零件加工工艺方案，编写数控加工程序，并在仿真软件中进行虚拟加工，然后在数控车床上进行实际加工，最后对零件进行检测和评价。

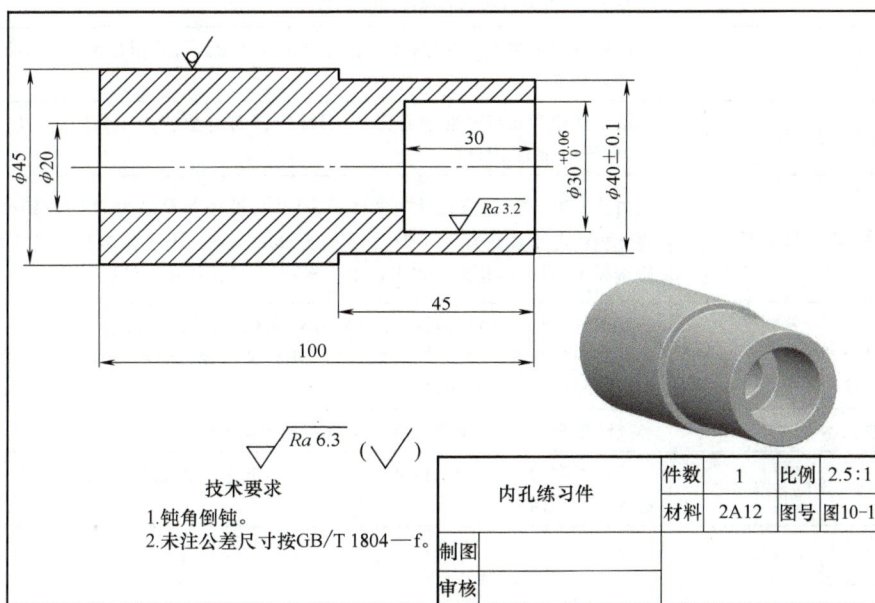

技术要求
1. 钝角倒钝。
2. 未注公差尺寸按 GB/T 1804—f。

内孔练习件		件数	1	比例	2.5:1
		材料	2A12	图号	图10-1
制图					
审核					

图 10-1 内孔练习件

学习目标

1）能制订内孔练习件的加工工艺方案。
2）能编制内孔练习件的数控加工程序，并能在仿真软件上进行虚拟加工。
3）能将零件正确地装夹在自定心卡盘上。
4）能将内孔镗刀正确地安装在刀架上。
5）能按操作规范使用 CK6140 数控车床加工内孔练习件。

6）能正确使用游标卡尺检测内孔练习件。

7）能对零件进行评价并分析超差原因。

学习环节一　制订工艺方案

1. 分析零件图工艺信息

教师布置工作任务，学生提出问题，教师解答，学生填写零件图工艺信息卡片，见表 10-1。

表 10-1　零件图工艺信息卡片

班级			姓名	学号	成绩
零件图号	图 10-1	零件名称	内孔练习件	材料牌号	2A12
分析内容		分析理由			
形状、尺寸大小		该零件的加工面有内孔表面、外圆柱面、倒角面、内孔台阶面，其形状比较简单，是较典型的孔类零件。因此，可选择现有设备 CK6140 数控车床，刀具选择一把外圆车刀、一把麻花钻和一把内孔车刀			
结构工艺性		该零件的结构工艺性好，便于装夹、加工。因此，可选用自定心卡盘定位装夹，用标准刀具进行加工			
几何要素、尺寸标注		该零件轮廓几何要素定义完整，尺寸标注符合数控加工要求，有统一的设计基准，且便于加工、测量			
尺寸精度、表面粗糙度		内孔 $\phi 30^{+0.06}_{0}$ mm 有尺寸精度要求，尺寸标准公差等级为 IT9～IT10；加工表面的表面粗糙度值最低为 $Ra3.2\mu m$，其余为 $Ra6.3\mu m$。由于该零件的尺寸精度和表面质量要求中等，因此采用以下加工方案：车削外圆表面→钻孔→镗孔→半精镗孔			
材料及热处理		该零件材料为 2A12，硬度为 105HBW，无热处理要求，属易切削金属材料。因此，刀具材料选择硬质合金或涂层刀具材料均可。加工时不宜选择过大的切削用量，切削过程中可不加切削液			
其他技术要求		要求锐角倒钝，故编程时在锐角处安排倒角 C1			
生产类型、定位基准		生产类型为单件生产，因此，应按单件小批生产类型制订工艺规程，定位基准可选择外圆表面			

※问题记录：

_____

_____

2. 确定加工工艺

小组讨论并填写加工工艺卡片，见表 10-2。

3. 选择刀具

教师提出问题，学生查阅资料并填写刀具卡片，见表 10-3。

钻孔刀具大多采用普通麻花钻，可选择直径为 20mm 的高速工具钢麻花钻。镗刀应尽量选择粗刀柄，以增加车削刚度。另外，为了解决排屑问题，一般采用正刃倾角内孔车刀。数控车床一般选用机夹可转位车刀，因此只需选择刀片即可。本零件材料为硬铝，对刀片材料

表 10-2　加工工艺卡片

班级			姓名	学号		成绩	
			零件图号		零件名称	使用设备	场地
			图 10-1		内孔练习件	CK6140 数控车床	数控加工实训中心
程序号	O0100、O0101		材料牌号		2A12	数控系统	FANUC Series 0i Mate-TD
工步号	工步内容		确定理由		量具选用		备注
					名称	量程/mm	
1	车端面		车平端面,建立长度基准。车削完的端面在后续加工中不需要再加工		0.02mm 游标卡尺	0~150	手动
2	粗车各外圆表面		去除毛坯大部分余量,在一次装夹中加工内外表面		0.02mm 游标卡尺	0~150	自动
3	精车各外圆表面		保证零件加工精度,按图样尺寸一刀连续加工出零件轮廓		0.02mm 游标卡尺	0~150	自动
4	钻孔		在实体材料上加工孔的唯一方法		0.02mm 游标卡尺	0~150	手动
5	粗镗内孔表面		内表面的尺寸精度和表面质量要求中等,且孔的深度小		0.02mm 游标卡尺	0~150	自动
6	精镗内孔表面		保证加工精度,按图样尺寸一刀切出零件轮廓		内径百分表	18~35	自动

※小组讨论:

无特殊要求,选择常用的涂层硬质合金刀片即可。零件上的孔为阶梯孔,应选择主偏角不小于 90°的刀片。内孔表面质量要求中等,粗、精加工使用一把刀具,如图 10-2 所示。

外圆表面形状简单、精度低,对刀具无特殊要求,选择常用的 93°外圆车刀即可。

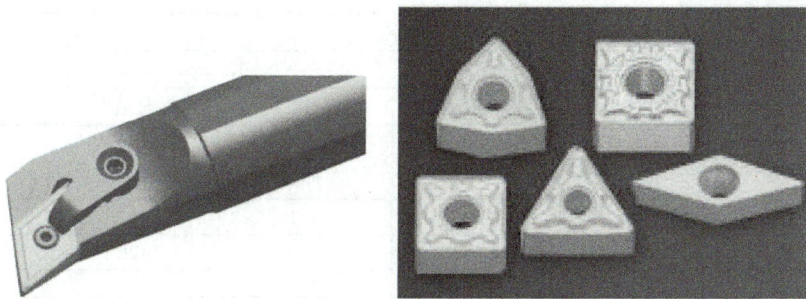

图 10-2　内孔车刀

表 10-3　刀具卡片

班级			姓名		学号		成绩	
			零件图号	图 10-1	零件名称		内孔练习件	
工步号	刀具号	刀具名称	刀具参数			刀片材料	偏置号	刀柄型号 /（mm×mm）
			刀尖圆弧半径/mm	刀尖方位	刀片型号			
1	T01	93°外圆车刀	0.4	3	DCMT11T304-HF	涂层硬质合金	01	SDJCR2020K11 （20×20）
2	T01	93°外圆车刀	0.4	3	DCMT11T304-HF	涂层硬质合金	01	SDJCR2020K11 （20×20）
3	T01	93°外圆车刀	0.4	3	DCMT11T304-HF	涂层硬质合金	01	SDJCR2020K11 （20×20）
4	T02	ϕ20mm 麻花钻	—	—	—	HSS	02	—
5	T03	95°内孔镗刀	0.4	2	CNMG060304-WF	涂层硬质合金	03	S20R-SCLCR06S20 （20×20）
6	T03	95°内孔镗刀	0.4	2	CNMG060304-WF	涂层硬质合金	03	S20R-SCLCR06S20 （20×20）

※问题记录：

_____

_____

4. 选择切削用量

小组讨论，学生查阅资料并填写切削用量卡片。

（1）粗加工　首先取 $a_p = 2$mm，其次取 $f = 0.1$mm/r，最后取 $v_c = 80$m/min。根据公式 $n = \dfrac{1000v_c}{\pi d}$ 计算并选取主轴转速 $n = 850$/min，根据公式 $v_f = fn$ 计算出进给速度 $v_f = 85$mm/min，填入表 10-4 中。

（2）精加工　首先取 $a_p = 0.3$mm，其次取 $f = 0.08$mm/r，最后取 $v_c = 120$m/min。根据公式 $n = \dfrac{1000v_c}{\pi d}$ 计算并选取主轴转速 $n = 1300$r/min，根据公式 $v_f = fn$ 计算出进给速度为 104mm/min，取整为 $v_f = 100$mm/min，填入表 10-4 中。

表 10-4　切削用量卡片

班级			姓名		学号		成绩	
			零件图号	图 10-1	零件名称		内孔练习件	
工步号	刀具号	切削速度 $v_c/$(m/min)	主轴转速 $n/$(r/min)	进给量 $f/$(mm/r)	进给速度 $v_f/$(mm/min)	背吃刀量 $a_p/$mm
2	T01	120	1000	0.2	200	1
3	T01	200	1500	0.08	120	0.3
4	T02	—	600	0.1	—	10
5	T03	80	850	0.1	85	2
6	T03	120	1300	0.08	100	0.3

※小组讨论：

5. 确定工件零点并绘制走刀路线图

填写数控加工走刀路线图卡片，见表 10-5 和表 10-6。

表 10-5　数控加工走刀路线图卡片（一）

数控加工走刀路线图			
机床型号：CK6140	系统型号：FANUC Series 0i Mate-TD	零件图号：图 10-1	加工内容：粗、精车各外圆表面
工步号	2	程序号	O0100

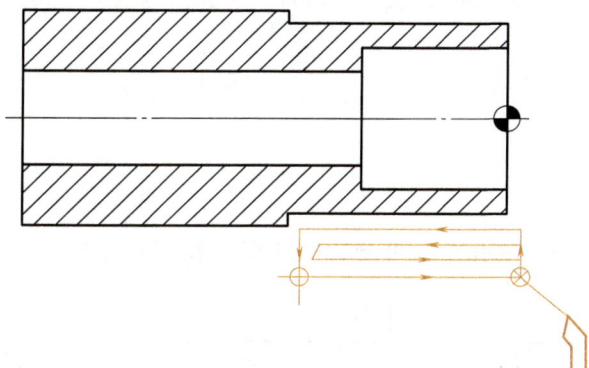

含义	抬刀	下刀	编程原点	起刀点	走刀方向	走刀线相交	爬斜坡	铰孔	行切
符号	⊕	⊗	◕	∘→	→	↓	∘—	⋯	▭
编程		校对			审批			共　页	第　页

表 10-6　数控加工走刀路线图卡片（二）

数控加工走刀路线图			
机床型号：CK6140	系统型号：FANUC Series 0i Mate-TD	零件图号：图 10-1	加工内容：粗、精车内孔各表面
工步号	4、5	程序号	O0101

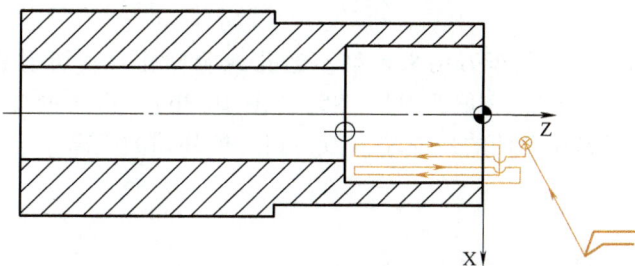

含义	抬刀	下刀	编程原点	起刀点	走刀方向	走刀线相交	爬斜坡	铰孔	行切
符号	⊕	⊗	◕	∘→	→	↓	∘—	⋯	▭
编程		校对			审批			共　页	第　页

※注意的问题：

_____

_____

6. 数学处理

主要尺寸的程序设定值一般取图样尺寸的中值，如内孔尺寸 $\phi 30_0^{+0.06}$mm 的编程尺寸为 $\phi 30.03$mm。

7. 工艺分析

1）装夹工件右端，钻中心孔及 $\phi 20$mm 孔。

2）装夹工件左端，粗、精车外径 $\phi 40$mm、长度 45mm，保证图样尺寸并倒角。

3）加工内孔 $\phi 30$mm、$\phi 20$mm，长度 30mm，达到图样要求尺寸并倒角。

学习环节二　数控加工知识学习

一、内孔车刀

根据加工情况的不同，内孔车刀可分为通孔车刀和不通孔车刀两种，如图 10-3 所示。

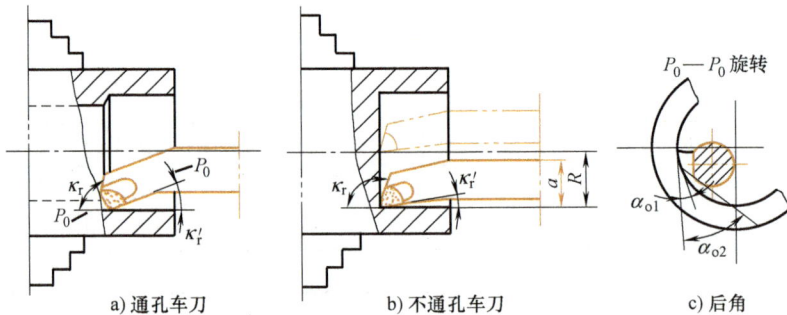

a) 通孔车刀　　　b) 不通孔车刀　　　c) 后角

图 10-3　内孔车刀

（1）通孔车刀　通孔车刀切削部分的几何形状与外圆车刀相似，为了减小径向切削力，防止车孔时产生振动，主偏角 κ_r 应取得大些，一般为 60°～75°，副偏角 κ_r' 一般为 15°～30°。为了防止内孔车刀的后刀面与孔壁产生摩擦，一般磨出后角 α_{o1} 和 α_{o2}，其中 α_{o1} 取 6°～12°，α_{o2} 取 30°左右。

（2）不通孔车刀　不通孔车刀用来车削不通孔或阶梯孔，其切削部分的几何形状与偏刀相似，它的主偏角 $\kappa_r > 90°$，一般为 92°～95°（图 10-3b），后角的要求和通孔车刀一样。不同之处是不通孔车刀夹在刀柄的最前端，刀尖到刀柄外端的距离 a 小于孔半径 R，否则无法车平孔的底面。

二、车孔的关键技术

车孔的关键是提高内孔车刀的刚度和解决排屑问题。

1. 提高内孔车刀刚度的措施

1）尽量增加刀柄的横截面积，内孔车刀的刀尖通常位于刀柄的上面，这样刀柄的横截面积较小，还不到内孔横截面积的 1/4。若使内孔车刀的刀尖位于刀柄的中心线上，那么，刀柄在孔中的横截面积将大大增加。

2）尽可能缩短刀柄的伸出长度，以提高车刀刀柄的刚度，减少切削过程中的振动。此外，还可将刀柄上下两个平面做成互相平行面，这样就能很方便地根据孔深调节刀柄伸出的长度。

2. 解决排屑问题

要解决排屑问题，主要是控制切屑流出的方向。精车孔时，要求切屑流向待加工表面（前排屑）。为此，采用正刃倾角的内孔车刀（图 10-3a）；加工不通孔时，应采用负刃倾角车刀（图 10-3b），使切屑从孔口排出。

三、车阶梯孔基础知识

数控车削内孔的指令与车削外圆的指令基本相同，关键应该注意外圆柱在加工过程中是尺寸越来越小，而内孔在加工过程中是尺寸越来越大，这在保证尺寸方面尤为重要。对于内外径粗车循环指令 G71，在加工外径时余量 X 为正，但在加工内孔时余量 X 为负，否则内孔尺寸将会增加。

内径粗车循环指令格式：

G71 U1 R1;

G71 P1 Q2 U-0.5 F0.3;

学习环节三　数控加工程序编制和仿真加工

1. 编制程序清单（见表 10-7）

表 10-7　数控加工程序清单（O0100、O0101）

数控加工程序清单			零件图号	零件名称
姓名	学号	成绩	图 10-1	内孔练习件
程序号		O0100、O0101	工步及刀具	说明
O0100; M03 S1000; T0101; G00 X47 Z2; G71 U1 R1; G71 P1 Q2 U0.5 W0 F0.2; N1 G00 X40; G01 Z-45; N2 G00 X47; G00 X100; Z100; T0101; M03 S1500; G00 X47 Z2; G70 P1 Q2 F0.08; G00 X100; Z100; M30;			粗车外圆各表面 T0101 精车外圆各表面 T0101	外圆精度不高，余量小，也可手动去除余量

（续）

数控加工程序清单			零件图号	零件名称
姓名	学号	成绩	图 10-1	内孔练习件
程序号	O0100、O0101		工步及刀具	说明
O0101； M03 S850； T0303； G00 X28 Z2； G71 U1 R1； G71 P1 Q2 U−0.5 W0 F0.1； N1 G00 X30； G01 Z−30； N2 G00 X28； G00 Z100； X100； T0303； M03 S1300； G00 X28 Z2； G70 P1 Q2 F0.08； G00 Z100； X100； M30；			粗车内圆各表面 T0303 精车内圆各表面 T0303	内孔加工循环指令同外圆，只是精加工余量为负值

2. 仿真加工

1) 打开 vnuc3.0 数控加工仿真与远程教学系统，并选择机床。

2) 设置机床回零点。

3) 选择毛坯、材料、夹具，装夹工件。

4) 安装刀具。

5) 建立工件坐标系。

6) 上传数控加工程序。

7) 自动加工。

仿真加工后的工件如图 10-4 所示。

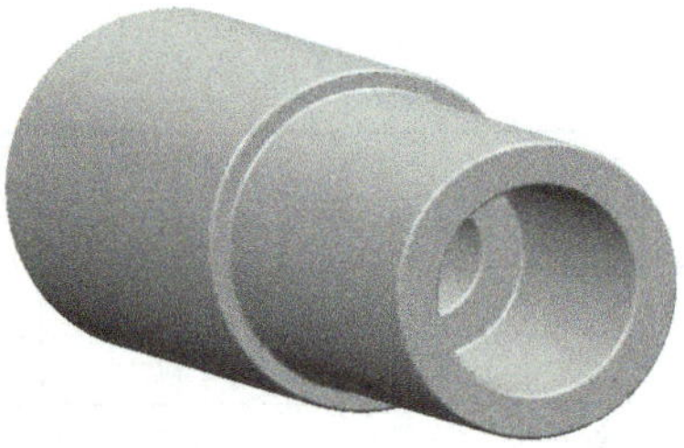

图 10-4　仿真加工后的工件

学习环节四　实际加工

1. 毛坯、刀具、工具、量具准备

1) 将 ϕ45mm×100mm 的棒料毛坯正确地装夹在自定心卡盘上。

2) 将 93°外圆车刀正确地安装在刀架 1 号刀位上，95°内孔车刀正确地安装在刀架 3 号刀位上，准备好钻头。

3) 正确摆放所需工具、量具。

2. 程序输入与编辑

1) 开机。

2）回参考点。

3）输入程序。

4）程序图形校验。

3. 零件的数控车削加工

1）主轴正转。

2）分别进行外圆车刀和内孔车刀的 X 向对刀、Z 向对刀，设置工件坐标系。

3）设置相应刀具参数。

4）自动加工。

4. 测量工具

（1）用内径百分表测量工件的方法

1）左手拿工件，右手握住内径百分表的测杆，将已调整好零位的内径百分表的可换测头伸到被测孔内，上下或前后摆动内径百分表，摆动幅度一般为±10°，如图 10-5 所示。找出表针指向的最小值，这个最小值与零位的差值就是被测工件内孔尺寸的实际误差。

2）测量孔的圆柱度误差时，在孔径的全长上取前、中、后几点，比较其测量值，最大值与最小值之差的一半为孔的圆柱度误差，如图 10-6a 所示。

3）测量孔的圆度误差时，在孔的圆周上交换方向测量，比较其测量值，即可得到孔的圆度误差，如图 10-6b 所示。

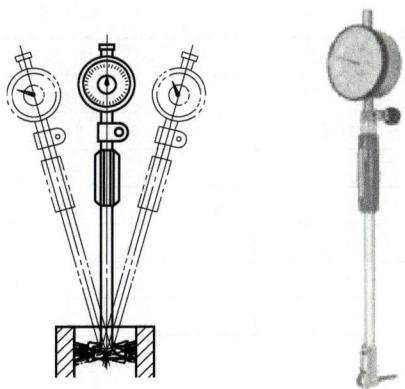

图 10-5　内孔尺寸的测量

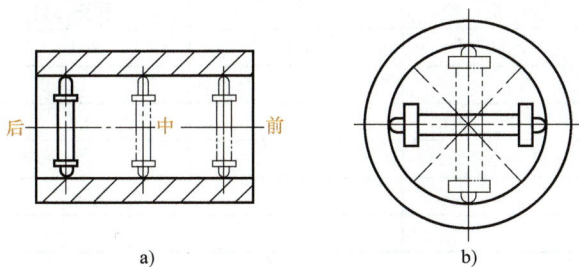

图 10-6　圆柱度误差和圆度误差的测量

（2）使用内径百分表时的注意事项

1）应选择合适的测杆并正确安装测杆。

2）安装表头时要注意压表。

3）测量前应校表。

4）测量前和测量中应检查测头是否松动。

学习环节五　零件检测

1. 自检

学生使用游标卡尺、内径百分表等量具对零件进行检测。

2. 填写零件质量检测结果报告单（见表10-8）

表10-8　零件质量检测结果报告单

班级				姓名		学号		成绩	
零件图号			图10-1		零件名称		内孔练习件		
序号	考核项目	考核内容		配分	评分标准		检测结果		得分
							学生	教师	
1	外圆柱面	$(\phi 40 \pm 0.1)$ mm	IT	20	每超差0.01mm扣2分				
			Ra	10	降一级扣2分				
2	内圆柱面	$\phi 30^{+0.06}_{0}$ mm	IT	15	每超差0.01mm扣2分				
			Ra	10	降一级扣2分				
3		$\phi 20$ mm	IT	15	每超差0.01mm扣2分				
			Ra	10	降一级扣2分				
4	长度	30mm	IT	10	每超差0.01mm扣2分				
5		45mm	IT	10	每超差0.01mm扣2分				

3. 小组评价（见表10-9）

表10-9　小组评价表

班级		零件名称	零件图号	小组编号
		内孔练习件	图10-1	
姓名	学号	表现	零件质量	排名

4. 考核结果报告单（见表10-10）

表10-10　考核结果报告单

班级		姓名		学号		成绩	
		零件图号	图10-1	零件名称	内孔练习件		
序号	项目	考核内容			配分	得分	项目成绩
1	零件质量（40分）	外圆柱面			12		
		内圆柱面			20		
		长度			8		
2	工艺方案制订（20分）	分析零件图工艺信息			6		
		确定加工工艺			6		
		选择刀具			3		
		选择切削用量			3		
		确定工件零点并绘制走刀路线图			2		

（续）

班级		姓名		学号		成绩	
		零件图号	图 10-1	零件名称	内孔练习件		
序号	项目	考核内容			配分	得分	项目成绩
3	编程仿真 （15 分）	程序编制			6		
		仿真加工			9		
4	刀具、夹具、 量具使用 （10 分）	内径百分表的使用			3		
		刀具的安装			4		
		工件的装夹			3		
5	安全文明生产 （10 分）	按要求着装			2		
		操作规范，无操作失误			5		
		认真维护数控车床			3		
6	团队协作（5 分）	能与小组成员和谐相处，互相学习，互相帮助			5		

学习环节六　学习评价

1. 加工质量分析报告（见表 10-11）

表 10-11　加工质量分析报告

班级			零件名称		零件图号	
			内孔练习件		图 10-1	
姓名		学号		成绩		
超差形式				原　因		

2. 个人工作过程总结（见表 10-12）

3. 小组总结报告（见表 10-13）

表 10-12　个人工作过程总结

班级			零件名称		零件图号	
			内孔练习件		图 10-1	
姓名		学号		成绩		

表 10-13　小组总结报告

班级			零件名称		零件图号	
			内孔练习件		图 10-1	
姓名				组名		

4. 小组成果展示（见表 10-14 和表 10-15）

注：附最终加工零件。

表 10-14　数控加工工序卡片

班级			数控加工工序卡片		零件名称		零件图号		材料牌号		材料硬度	
工序名称			加工车间		设备名称		设备型号				夹具名称		
工序号		程序号											
工步号	工步内容	刀具号	刀具规格/mm	量具	切削速度/(m/min)	主轴转速/(r/min)	进给量/(mm/r)	进给速度/(mm/min)	背吃刀量/mm	进给次数	备注
编制		审核		批准		共　页		第　页			

表 10-15　数控加工刀具卡片

数控加工刀具卡片				零件名称	零件图号	材料牌号	材料硬度
				设备名称	设备型号	夹具名称	
程序号		加工车间					
工序号	工序名称	班级					

工步号	工具号	刀具名称	刀具(尖)直(半)径	刀具参数/mm			刀具(片)材料	偏置号		刀柄型号	备注
				半径补偿量	长度(位置)补偿量	刀尖方位		半径	长度		

编制	审核	批准	共　页　第　页

练习与思考

一、选择题

1. 在车床上钻孔时，造成孔径偏大的主要原因是钻头的（　　　）。

A. 后角太大　　　　　　B. 两条主切削刃长度不相等　　　C. 横刃太短

2. 为了保证孔的尺寸精度，铰刀尺寸最好选择在被加工孔公差带（　　　）左右。

A. 上面1/3　　　　　　B. 中间1/3　　　　　　　　　C. 下面1/3

3. 车内孔时，若刀尖高于工件中心，则工作前角会（　　　）。

A. 不变　　　　　　　　B. 减小　　　　　　　　　　C. 增大

4. 使用麻花钻钻削中碳钢时，钻削速度应为（　　　）m/min。

A. 0.8　　　　　　　　B. 5　　　　　　　　　　　　C. 25

5. 在车床上钻深孔时，如果钻头刚度不足，则钻削后（　　　）。

A. 孔径变大，孔中心线不弯曲

B. 孔径不变，孔中心线弯曲

C. 孔径不变，孔中心线不弯曲

6. 标准麻花钻有两条主切削刃和（　　　）条副切削刃。

A. 一　　　　　　　　　B. 二　　　　　　　　　　　C. 三

7. 在数控车床上粗镗孔所能达到的表面粗糙度值为 Ra（　　　）μm。

A. 3.2　　　　　　　　B. 6.3　　　　　　　　　　　C. 12.5

二、判断题

1. 用麻花钻扩孔时，由于横刃不参加工作，轴向切削力减小，因此可加大进给量。

（　　　）

2. 镗刀刀柄的伸出长度应尽可能缩短，这样可增强镗刀的刚性，切削时不容易产生振动。（　　　）

3. 装夹钻头时，钻头轴线和工件轴线要一致，否则钻头容易折断。（　　　）

4. 钻较深的孔时，切屑不易排出，必须经常退出钻头清除切屑。（　　　）

5. 镗孔时，镗刀刀尖一般要略高于工件轴线。（　　　）

三、简答题

1. 麻花钻由哪几部分组成？

2. 钻孔时如何选择切削用量？

3. 镗孔时的关键技术问题是什么？怎样改善镗刀的刚性？

套类零件的编程及车削加工

加工图 11-1 所示的套类零件。已知毛坯材料为 45 钢，毛坯尺寸为 φ45mm×100mm，棒料。要求制订零件加工工艺方案，编写数控加工程序，并在仿真软件中进行虚拟加工，然后在数控车床上进行实际加工，最后对零件进行检测和评价。

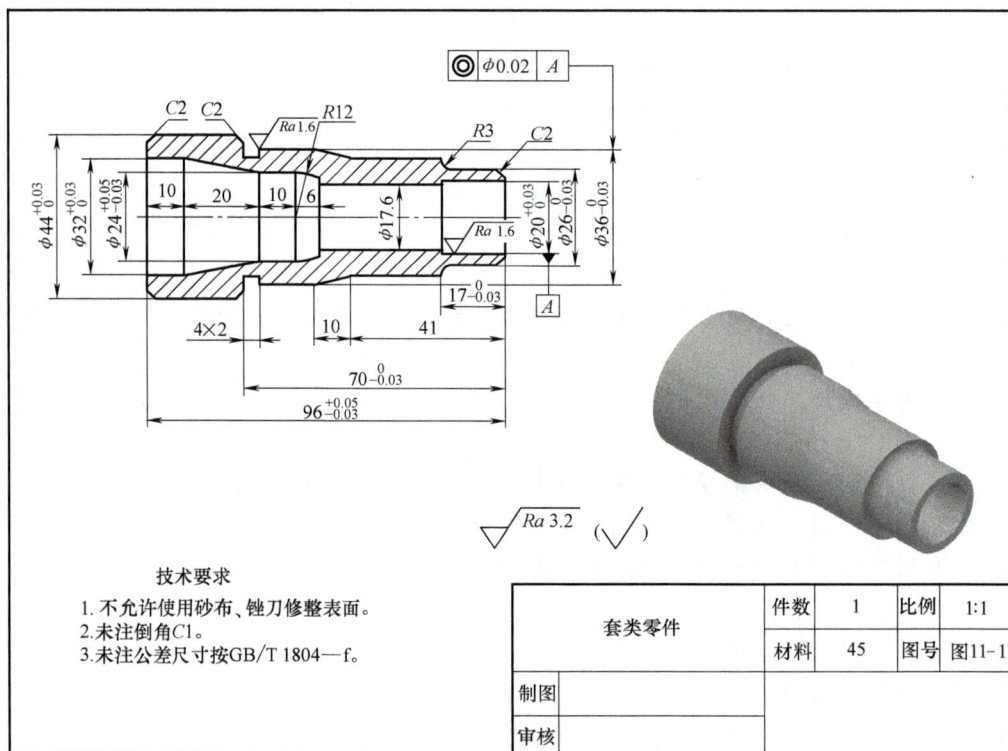

图 11-1 套类零件

技术要求
1. 不允许使用砂布、锉刀修整表面。
2. 未注倒角C1。
3. 未注公差尺寸按GB/T 1804—f。

套类零件		件数	1	比例	1:1
		材料	45	图号	图11-1
制图					
审核					

1）能制订套类零件的加工工艺方案。
2）能编制套类零件的数控加工程序，并能在仿真软件中进行虚拟加工。
3）能将零件正确地装夹在自定心卡盘上。
4）能将外圆车刀、切槽刀、镗刀正确地安装在刀架上，将中心钻、钻头正确地安装在尾座上。

　　5）能按操作规范使用 CK6140 数控车床加工套类零件。

　　6）能正确地使用游标卡尺检测套类零件。

　　7）能对零件进行评价并分析超差原因。

学习环节一　制订工艺方案

1. 分析零件图工艺信息

　　教师布置工作任务，学生提出问题，教师解答，学生填写零件图工艺信息分析卡片，见表 11-1。

表 11-1　零件图工艺信息分析卡片

班级			姓名	学号	成绩
零件图号	图 11-1	零件名称	套类零件	材料牌号	45
分析内容		分析理由			
形状、尺寸大小		该零件的加工表面有内外圆柱面、内圆锥面、顺圆弧面及槽等，其形状比较简单，是较典型的套类零件。因此，可选择 CK6140 数控车床进行加工，刀具选择外圆车刀、切槽刀、镗刀、中心钻及钻头。加工顺序的安排遵循由内到外、由粗到精、由近到远的原则，在一次装夹中尽可能加工出较多的表面。结合本零件的结构特征，可先加工内孔各表面，然后加工外轮廓表面			
结构工艺性		该零件的结构工艺性好，便于装夹、加工。因此，可选用标准刀具进行加工			
几何要素、尺寸标注		该零件轮廓几何要素定义完整，尺寸标注符合数控加工要求，有统一的设计基准，且便于加工、测量			
尺寸精度、表面粗糙度		内孔 $\phi20^{+0.03}_{0}$ mm、外圆 $\phi36^{0}_{-0.03}$ mm 以及长度 $17^{0}_{-0.03}$ mm、$70^{0}_{-0.03}$ mm 等有较高的尺寸精度要求；内孔 $\phi20$ mm 轴线对 $\phi36$ mm 基准轴线 A 的同轴度公差为 $\phi0.02$ mm；表面粗糙度值最小为 $Ra1.6\mu$m，其余为 $Ra3.2\mu$m。由于该零件的尺寸精度、几何精度和表面质量要求较高，因此采用粗车→半精车→精车的加工方案			
材料及热处理		该零件材料 45 钢为优质碳素结构钢，其力学性能良好，抗拉强度为 600MPa，下屈服强度为 355MPa，断后伸长率为 16%，断面收缩率为 40%，冲击吸收能量为 39J，硬度不高，无热处理要求，易于切削加工，被广泛用于机械制造。但是，它是一种中碳钢，淬火性能并不好，可以淬硬至 42~46HRC。如果既需要较高的表面硬度，又希望具有优越的力学性能，可对 45 钢进行表面渗碳淬火			
其他技术要求		要求锐角倒钝，故编程时在锐角处安排倒角 $C1$			
生产类型、定位基准		生产类型为单件生产，因此，应按单件小批生产类型制订工艺规程，定位基准可选择外圆表面			

　　※问题记录：

_____

_____

2. 确定加工工艺

　　小组讨论并填写加工工艺卡片，见表 11-2。

表 11-2　加工工艺卡片

班级		姓名		学号		成绩	
		零件图号			零件名称	使用设备	场地
		图 11-1			套类零件	CK6140 数控车床	数控加工实训中心
程序号	O0110、O0111、O0112、O0113	材料牌号			45	数控系统	FANUC Series 0i Mate-TD
工步号	工步内容	确定理由			量具选用		备注
					名称	量程/mm	
1	车右端面和右端外圆至 φ44mm	为加工右端确定定位装夹基准			0.02mm 游标卡尺	0~150	手动
2	掉头车左端面	车平端面,防止中心钻折断			0.02mm 游标卡尺	0~150	手动
3	钻 φ3mm 中心孔	孔加工的预制精确定位,引导麻花钻进行孔加工,减少误差,防止钻孔时钻偏,保证钻孔位置精度			—	—	手动
4	钻 φ16mm 孔	为加工内轮廓做准备			0.02mm 游标卡尺	0~150	手动
5	车左端面	去孔口毛刺			—	—	手动
6	粗加工左端内轮廓	在较短时间内去除毛坯大部分余量,满足精车余量均匀性要求			0.02mm 游标卡尺	0~150	自动
7	精加工左端内轮廓	保证零件加工精度,按图样尺寸一刀连续加工出零件轮廓			0.01mm 内径千分尺、百分表	0~25,18~35	自动
8	粗加工左端外轮廓	在较短时间内去除毛坯大部分余量,满足精车余量均匀性要求			0.02mm 游标卡尺	0~150	自动
9	精加工左端外轮廓	保证零件加工精度,按图样尺寸一刀连续加工出零件轮廓			0.01mm 外径千分尺	25~50	自动
10	掉头车右端面（含 Z 向对刀）	车平端面,建立长度基准,保证工件长度要求。车削完的端面在后续加工中不需要再加工			0.02mm 游标卡尺	0~150	手动
11	粗加工右端内轮廓	在较短时间内去除毛坯大部分余量,满足精车余量均匀性要求			0.02mm 游标卡尺	0~150	自动
12	半精加工右端内轮廓	当粗加工后所留余量的均匀性满足不了精加工要求时,可安排半精加工作为过渡工序,以便使精加工余量小而均匀			0.02mm 游标卡尺	0~150	自动
13	精加工右端内轮廓	保证零件加工精度,按图样尺寸一刀连续加工出零件轮廓			0.01mm 内径千分尺、0.02mm 游标卡尺	18~35,0~150	自动
14	粗加工右端外轮廓	在较短时间内去除毛坯大部分余量,满足精车余量均匀性要求			0.02mm 游标卡尺	0~150	自动

（续）

班级		姓名		学号		成绩	
		零件图号		零件名称	使用设备	场地	
		图 11-1		套类零件	CK6140 数控车床	数控加工 实训中心	
程序号	O0110、O0111、 O0112、O0113	材料牌号		45	数控系统	FANUC Series 0i Mate-TD	
工步号	工步内容	确定理由		量具选用		备注	
				名称	量程/mm		
15	半精加工右端外轮廓	当粗加工后所留余量的均匀性满足不了精加工要求时，可安排半精加工作为过渡工序，以便使精加工余量小而均匀		0.02mm 游标卡尺	0~150	自动	
16	精加工右端外轮廓	保证零件加工精度，按图样尺寸一刀连续加工出零件轮廓		0.01mm 外径千分尺	25~50	自动	
17	加工外圆槽	满足图样尺寸及形状要求		0.02mm 游标卡尺	0~150	自动	

※小组讨论：

3. 选择刀具

教师提出问题，学生查阅资料并填写刀具卡片，见表 11-3。

数控车床一般均使用机夹可转位车刀。本零件材料为 45 钢，对刀片材料无特殊要求，选择常用的涂层硬质合金刀片即可。零件表面由内外圆柱面、内圆锥面、顺圆弧面、槽等组成，故选择外圆车刀、切槽刀、镗刀、中心钻、钻头等进行加工。因此，重点在于刀片形状的选择，机夹可转位车刀所使用的刀片为标准角度。

1）外圆表面加工选择常用的菱形刀片，刀尖角为 80°，主偏角为 93°，刀尖圆弧半径为 0.4mm。粗、精加工外圆表面使用一把刀具即可。

2）切槽刀选用机夹刀，标准刀具角度，磨损时易于更换；选择 3.5mm 的宽刀片。

3）内孔车刀采用机夹刀，可缩短换刀时间，无需刃磨刀具，而且具有较好的刚性，能减少振动变形和防止产生振纹。

4）中心钻有两种形式：A 型是不带护锥的中心钻；B 型是带护锥的中心钻。加工直径 $d = 1 \sim 10$mm 的中心孔时，通常采用不带护锥的 A 型中心钻；对于工序较多、精度要求较高的工件，为了避免损坏 60°定心锥，一般采用带护锥的 B 型中心锥。因此，本零件应选择 A 型中心钻。

5）选择 ϕ16mm 高速工具钢钻头。

表 11-3　刀具卡片

班级		姓名		学号		成绩	
		零件图号	图 11-1	零件名称		套类零件	
工步号	刀具号	刀具名称	刀具参数			刀片材料	偏置号	刀柄型号 /(mm×mm)

工步号	刀具号	刀具名称	刀尖圆弧半径/mm	刀尖方位	刀片型号	刀片材料	偏置号	刀柄型号 /(mm×mm)
1	T01	93°外圆车刀	0.4	3	DCMT11T304-HF	涂层硬质合金	—	SDJCR2020K11 (20×20)
2	T01	93°外圆车刀	0.4	3	DCMT11T304-HF	涂层硬质合金	—	SDJCR2020K11 (20×20)
3	—	φ3mm 中心钻	—	—	—	硬质合金	—	—
4	—	φ16mm 钻头	—	—	—	高速钢	—	—
5	T01	93°外圆车刀	0.4	—	DCMT11T304-HF	涂层硬质合金	01	SDJCR2020K11 (20×20)
6	T03	95°内孔车刀	0.4	2	CNMG060304-WF	涂层硬质合金	03	S20R-SCLCR06S20 (20×20)
7	T03	95°内孔车刀	0.4	2	CNMG060304-WF	涂层硬质合金	03	S20R-SCLCR06S20 (20×20)
8	T01	93°外圆车刀	0.4	3	DCMT11T304-HF	涂层硬质合金	01	SDJCR2020K11 (20×20)
9	T01	93°外圆车刀	0.4	3	DCMT11T304-HF	涂层硬质合金	01	SDJCR2020K11 (20×20)
10	T01	93°外圆车刀	0.4	3	DCMT11T304-HF	涂层硬质合金	01	SDJCR2020K11 (20×20)
11	T03	95°内孔车刀	0.4	2	CNMG060304-WF	涂层硬质合金	03	S20R-SCLCR06S20 (20×20)
12	T03	95°内孔车刀	0.4	2	CNMG060304-WF	涂层硬质合金	03	S20R-SCLCR06S20 (20×20)
13	T03	95°内孔车刀	0.4	2	CNMG060304-WF	涂层硬质合金	03	S20R-SCLCR06S20 (20×20)
14	T01	93°外圆车刀	0.4	3	DCMT11T304-HF	涂层硬质合金	01	SDJCR2020K11 (20×20)
15	T01	93°外圆车刀	0.4	3	DCMT11T304-HF	涂层硬质合金	01	SDJCR2020K11 (20×20)
16	T01	93°外圆车刀	0.4	3	DCMT11T304-HF	涂层硬质合金	01	SDJCR2020K11 (20×20)
17	T02	切槽刀	—	—	—	—	02	—

※问题记录：

_____

_____

4. 选择切削用量

小组讨论，学生查阅资料并填写切削用量卡片。

（1）外圆粗加工　首先取 $a_p=3$ mm，其次取 $f=0.2$ mm/r，最后取 $v_c=120$ m/min。根据公式 $n=\dfrac{1000v_c}{\pi d}$ 计算并选取主轴转速 $n=1000$ r/min，根据公式 $v_f=fn$ 计算出进给速度 $v_f=200$ mm/min，留精车余量 $0.2\sim0.5$ mm，填入表 11-4 中。

（2）外圆精加工　首先取 $a_p=0.3$ mm，其次取 $f=0.08$ mm/r，最后取 $v_c=200$ m/min。根据公式 $n=\dfrac{1000v_c}{\pi d}$ 计算并选取主轴转速 $n=1500$ r/min，根据公式 $v_f=fn$ 计算出进给速度 $v_f=120$ mm/min，填入表 11-4 中。

（3）槽的加工　首先取 $a_p=4$ mm，其次取 $f=0.05$ mm/r，最后取 $v_c=80$ m/min。根据公式 $n=\dfrac{1000v_c}{\pi d}$ 计算并选取主轴转速 $n=600$ r/min，根据公式 $v_f=fn$ 计算出进给速度 $v_f=30$ mm/min，填入表 11-4 中。

（4）内孔粗加工　首先取 $a_p=2$ mm，其次取 $f=0.2$ mm/r，最后取 $v_c=60$ m/min。根据公式 $n=\dfrac{1000v_c}{\pi d}$ 计算并选取主轴转速 $n=500$ r/min，根据公式 $v_f=fn$ 计算出进给速度 $v_f=100$ mm/min，留精车余量 $0.2\sim0.3$ mm，填入表 11-4 中。

（5）内孔精加工　首先取 $a_p=0.3$ mm，其次取 $f=0.04$ mm/r，最后取 $v_c=170$ m/min。根据公式 $n=\dfrac{1000v_c}{\pi d}$ 计算并选取主轴转速 $n=1200$ r/min，根据公式 $v_f=fn$ 计算出进给速度 $v_f=48$ mm/min，填入表 11-4 中。

其他工步切削用量的选择见表 11-4。

表 11-4　切削用量卡片

班级		姓名		学号	成绩
		零件图号	图 11-1	零件名称	套类零件
工步号	刀具号	切削速度 v_c/(m/min)	主轴转速 n/(r/min)	进给量 f/(mm/r)	进给速度 v_f/(mm/min)	背吃刀量 a_p/mm
1	T01	—	800	0.2	—	0.5
2	T01	—	800	0.2	—	0.5
3			500			—
4	—	—	300	0.05		—
5	T01	—	800	0.2	—	0.5
6	T03	60	500	0.2	100	2
7	T03	170	1200	0.04	48	0.3
8	T01	120	1000	0.2	200	3
9	T01	200	1500	0.08	120	0.3
10	T01	—	800	0.2	—	0.5

（续）

班级			姓名		学号	成绩
			零件图号	图 11-1	零件名称	套类零件
工步号	刀具号	切削速度 v_c/(m/min)	主轴转速 n/(r/min)	进给量 f/(mm/r)	进给速度 v_f/(mm/min)	背吃刀量 a_p/mm
11	T03	60	500	0.2	100	2
12	T03	120	1000	0.1	80	2
13	T03	170	1200	0.04	48	0.3
14	T01	120	1000	0.2	200	3.0
15	T01	120	1000	0.2	200	3.0
16	T01	200	1500	0.08	100	0.3
17	T02	80	600	0.05	30	4

※小组讨论：

_____

_____

5. 确定工件零点并绘制走刀路线图

填写数控加工走刀路线图卡片，见表 11-5～表 11-8。

表 11-5　数控加工走刀路线图卡片（一）

数控加工走刀路线图			
机床型号：CK6140	系统型号：FANUC Series 0i Mate-TD	零件图号：图 11-1	加工内容：粗、精加工左端内轮廓
工步号	6、7	程序号	O0110

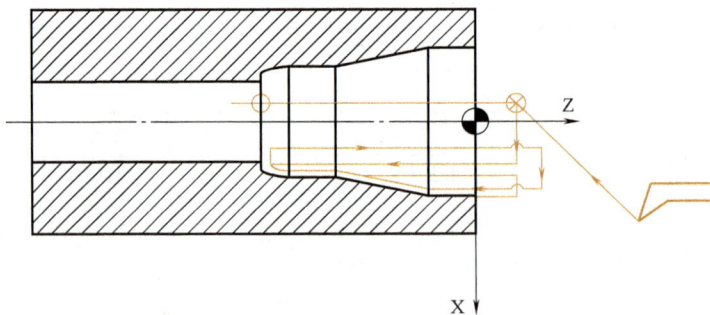

含义	抬刀	下刀	编程原点	起刀点	走刀方向	走刀线相交	爬斜坡	铰孔	行切
符号	⊕	⊗							
编程			校对			审批		共　页	第　页

表 11-6　数控加工走刀路线图卡片（二）

数控加工走刀路线图			
机床型号：CK6140	系统型号：FANUC Series 0i Mate-TD	零件图号：图 11-1	加工内容：粗、精加工左端外轮廓
工步号	8、9	程序号	O0111

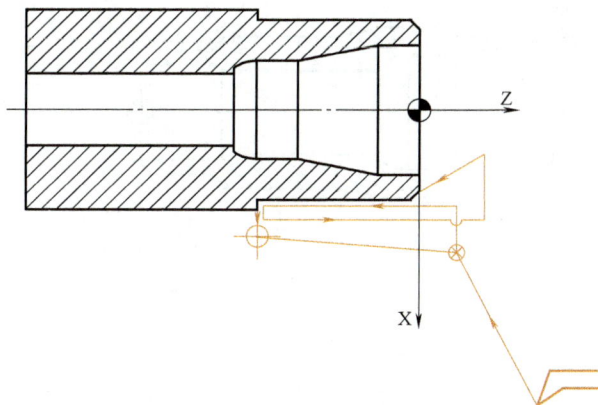

含义	抬刀	下刀	编程原点	起刀点	走刀方向	走刀线相交	爬斜坡	铰孔	行切
符号	⊕	⊗	◓	•→	⟶	⤵	•→	⟿	⊐
编程			校对			审批		共　页	第　页

表 11-7　数控加工走刀路线图卡片（三）

数控加工走刀路线图			
机床型号：CK6140	系统型号：FANUC Series 0i Mate-TD	零件图号：图 11-1	加工内容：粗、精加工右端内轮廓
工步号	11～13	程序号	O0112

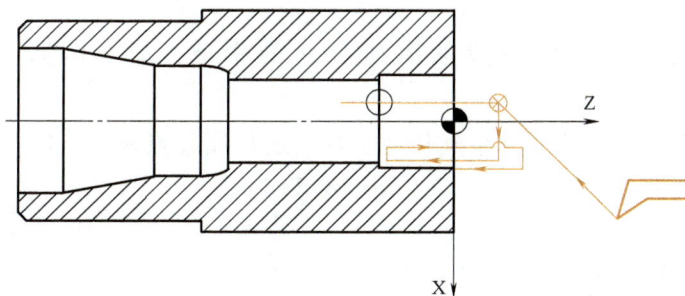

含义	抬刀	下刀	编程原点	起刀点	走刀方向	走刀线相交	爬斜坡	铰孔	行切
符号	⊕	⊗	◓	•→	⟶	⤵	•→	⟿	⊐
编程			校对			审批		共　页	第　页

表 11-8　数控加工走刀路线图卡片（四）

数控加工走刀路线图			
机床型号：CK6140	系统型号：FANUC Series0i Mate-TD	零件图号：图 11-1	加工内容：粗、精加工右端外轮廓
工步号	14～17	程序号	O0113

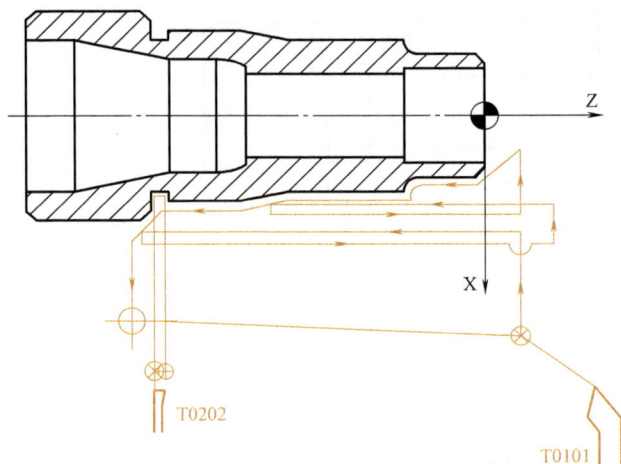

含义	抬刀	下刀	编程原点	起刀点	走刀方向	走刀线相交	爬斜坡	铰孔	行切
符号	⊕	⊗	◕	○→	→	↓			
编程			校对			审批		共　页	第　页

※注意的问题：

_____

_____

6. 数学处理

主要尺寸的程序设定值一般取图样尺寸的中值，如 $\phi36_{-0.03}^{0}$mm 的编程尺寸为 $\phi35.985$mm。

另外，加工倒角时需要计算倒角延长线。右端延长线起点坐标：Z = 3，X = 44 − 2 × (2 + 3) = 34；左端延长线起点坐标：Z = 3，X = 26 − 2 × (2 + 3) = 16。

7. 工艺分析

1) 装夹工件右端，钻中心孔并钻孔 $\phi16$mm。

2) 车内孔 $\phi32$mm、$\phi24$mm、$R12$mm，长度 10mm、20mm、10mm、6mm，达到图样要求尺寸并倒角。

3) 粗、精车外径 $\phi44$mm、长度 26mm，达到图样要求尺寸并倒角 $C2$。

4) 掉头车端面，保证总长 96mm。

5) 装夹 $\phi44$mm 外圆，车内孔 $\phi20$mm、长度 17mm，达到图样要求尺寸并倒角。

6) 装夹 $\phi44$mm 外圆，粗、精车外径 $\phi26$mm、$R3$mm、$\phi36$mm，长度 10mm、17mm、41mm、70mm，达到图样要求尺寸并倒角 $C2$。

7）切槽 4mm×2mm，达到图样要求尺寸。

学习环节二　数控加工程序编制和仿真加工

1. 编制程序清单（见表 11-9）

表 11-9　数控加工程序清单（O0110~O0113）

数控加工程序清单			零件图号	零件名称
姓名	学号	成绩	图 11-1	套类零件
程序号	O0110、O0111、O0112、O0113		工步及刀具	说明
O0110； M03 S500； T0303； G00 G41 X15 Z2； G71 U1 R1； G71 P1 Q2 U−0.5 W0 F0.2； N1 G00 X32； G01 Z−10； X24 Z−30； Z−40； G03 X20 Z−46 R12； G01 X16； N2 G00 X15； G00 G40 Z100； X100；			粗车左端内轮廓 T0303	
T0303； M03 S1200； G00 G41 X28 Z2； G70 P1 Q2 F0.04； G00 G40 Z100； X100； M30；			精车左端内轮廓 T0303	
O0111； M03 S1000； T0101； G00 X47 Z2； G71 U1 R1； G71 P1 Q2 U0.5 W0 F0.2； N1 G00 X40； G01 Z0； X44 Z−2； Z−30； N2 G00 X47； G00 X100； Z100； T0101；			粗车左端外轮廓 T0101	

（续）

数控加工程序清单			零件图号	零件名称
姓名	学号	成绩	图 11-1	套类零件
程序号		OO110、OO111、OO112、OO113	工步及刀具	说明

程序内容	工步及刀具	说明
M03 S1500； G00 X47 Z2； G70 P1 Q2 F0.08； G00 X100； Z100； M30；	精车左端外轮廓 T0101	
OO112； M03 S500； T0303； G00 X15 Z2； G71 U1 R1； G71 P1 Q2 U-0.5 W0 F0.2； N1 G00 X20； G01 Z-17； N2 G00 X15； G00 Z100； X100；	粗车右端内轮廓 T0303	
T0303； M03 S1200； G00 X15 Z2； G70 P1 Q2 F0.04； G00 Z100； X100； M00；	精车右端内轮廓 T0303	
OO113； M03 S1000； T0101； G00 G42 X47 Z2； G71 U1 R1； G71 P1 Q2 U0.5 W0 F0.2； N1 G00 X22； G01 Z0； X26 Z-2； Z-17； G02 X32 Z-20 R3； G01 Z-41； X36 Z-61； Z-70； X40； X44 Z-72； N2 G00 X47； G00 G40 X100； Z100；	粗车右端外轮廓 T0101	

（续）

数控加工程序清单			零件图号	零件名称
姓名	学号	成绩	图 11-1	套类零件
程序号	O0110、O0111、O0112、O0113		工步及刀具	说明
T0101； M03 S1500； G00 G42 X47 Z2； G70 P1 Q2 F0.08； G0 G40 X100； Z100； M00； T0202； M03 S600； G00 X46 Z2； Z-70； G01 X32.2 F0.05； G00 X46； Z-69； G01 X20 F0.05； Z-70； G00 X100； Z100； M30；			精车右端外轮廓 T0101 换切槽刀 T0202	

2. 仿真加工

1）打开 vnuc3.0 数控加工仿真与远程教学系统，并选择机床。

2）设置机床回零点。

3）选择毛坯、材料、夹具，装夹工件。

4）安装刀具。

5）建立工件坐标系。

6）上传数控加工程序。

7）自动加工。

仿真加工后的工件如图 11-2 所示。

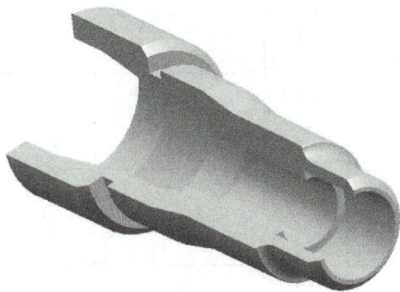

图 11-2　仿真加工后的工件

学习环节三　实际加工

1. 毛坯、刀具、工具、量具准备

1）将 $\phi45mm \times 100mm$ 的棒料毛坯正确地装夹在自定心卡盘上。

2）将 93°外圆车刀正确地安装在刀架 1 号刀位上，切槽刀正确地安装在刀架 2 号刀位上，内孔车刀正确地安装在 3 号刀位上。

3）正确摆放所需工具、量具。

2. 程序输入与编辑

1）开机。

2）回参考点。

3）输入程序。

4）程序图形校验。

3. 零件的数控车削加工

1）主轴正转。

2）X 向对刀，Z 向对刀，设置工件坐标系。

3）设置相应刀具参数。

4）自动加工。

学习环节四 零件检测

1. 自检

学生使用游标卡尺、半径样板等量具对零件进行检测。

2. 填写零件质量检测结果报告单 （见表 11-10）

表 11-10 零件质量检测结果报告单

班级				姓名		学号		成绩
零件图号		图 11-1		零件名称		套类零件		
序号	考核项目	考核内容		配分	评分标准	检测结果		得分
						学生	教师	
1	外圆柱面	$\phi26_{-0.03}^{0}$mm	IT	8	每超差 0.01mm 扣 2 分			
			Ra	4	降一级扣 2 分			
2		$\phi36_{-0.03}^{0}$mm	IT	8	每超差 0.01mm 扣 2 分			
			Ra	4	降一级扣 2 分			
3		$\phi44_{0}^{+0.03}$mm	IT	4	每超差 0.01mm 扣 2 分			
			Ra	4	降一级扣 2 分			
		$R3$mm	IT	4	每超差 0.01mm 扣 2 分			
			Ra	4	降一级扣 2 分			
4	内圆柱面	$\phi20_{0}^{+0.03}$mm	IT	8	每超差 0.01mm 扣 2 分			
			Ra	4	降一级扣 2 分			
5		$\phi24_{-0.03}^{+0.05}$mm	IT	4	每超差 0.01mm 扣 2 分			
			Ra	4	降一级扣 2 分			
6		$\phi32_{0}^{+0.03}$mm	IT	4	每超差 0.01mm 扣 2 分			
			Ra	4	降一级扣 2 分			

（续）

班级				姓名		学号		成绩
零件图号		图 11-1		零件名称		套类零件		

序号	考核项目	考核内容		配分	评分标准	检测结果		得分
						学生	教师	
7	长度	$96^{+0.05}_{-0.03}$ mm	IT	4	每超差 0.01mm 扣 2 分			
8		$70^{0}_{-0.03}$ mm	IT	4	每超差 0.01mm 扣 2 分			
9		$17^{0}_{-0.03}$ mm	IT	4	每超差 0.01mm 扣 2 分			
10		10mm	IT	4	每超差 0.01mm 扣 2 分			
11	槽	4mm×2mm	IT	4	每超差 0.01mm 扣 2 分			
			Ra	3	降一级扣 2 分			
12	凹圆面	R12mm	IT	6	每超差 0.01mm 扣 2 分			
			Ra	3	降一级扣 2 分			

3. 小组评价（见表 11-11）

表 11-11　小组评价表

班级		零件名称	零件图号	小组编号
		套类零件	图 11-1	
姓名	学号	表现	零件质量	排名

4. 填写考核结果报告单（见表 11-12）

表 11-12　考核结果报告单

班级		姓名		学号		成绩	
		零件图号	图 11-1	零件名称		套类零件	
序号	项目	考核内容			配分	得分	项目成绩
1	零件质量（40 分）	外圆柱面			12		
		内圆柱面			10		
		长度			4		
		槽			6		
		凹圆面			8		
2	工艺方案制订（20 分）	分析零件图工艺信息			6		
		确定加工工艺			6		
		选择刀具			3		
		选择切削用量			3		
		确定工件零点并绘制走刀路线图			2		

（续）

班级		姓名		学号		成绩	
		零件图号	图 11-1	零件名称		套类零件	
序号	项目	考核内容			配分	得分	项目成绩
3	编程仿真 （15 分）	程序编制			6		
		仿真加工			9		
4	刀具、夹具、 量具的使用 （10 分）	游标卡尺的使用			3		
		半径样板的使用			2		
		刀具的安装			3		
		工件的装夹			2		
5	安全文明生产 （10 分）	按要求着装			2		
		操作规范，无操作失误			5		
		认真维护机床			3		
6	团队协作（5 分）	能与小组成员和谐相处，互相学习，互相帮助			5		

学习环节五　学习评价

1. 加工质量分析报告（见表 11-13）

表 11-13　加工质量分析报告

班级		零件名称		零件图号	
		套类零件		图 11-1	
姓名		学号		成绩	
超差形式			原　因		

2. 个人工作过程总结（见表 11-14）

表 11-14　个人工作过程总结

班级		零件名称		零件图号	
		套类零件		图 11-1	
姓名		学号		成绩	

3. 小组总结报告（见表 11-15）

表 11-15　小组总结报告

班级		零件名称		零件图号	
		套类零件		图 11-1	
姓名				组名	

4. 小组成果展示（见表 11-16 和表 11-17）

注：附最终加工零件。

表11-16　数控加工工序卡

数控加工工序卡片		零件名称		零件图号		材料牌号		材料硬度
班级		工序名称		设备名称		设备型号		夹具名称
	工序号	程序号	加工车间					

工步号	工步内容	刀具号	刀具规格/mm	量具	切削速度/(m/min)	主轴转速/(r/min)	进给量/(mm/r)	进给速度/(mm/min)	背吃刀量/mm	进给次数	备注

编制　　审核　　批准　　共　页　第　页

表 11-17　数控加工刀具卡片

班级	数控加工刀具卡片		零件名称	零件图号		材料牌号	材料硬度
工序名称	工序号	加工车间	设备名称	设备型号		夹具名称	
	程序号						

工步号	刀具号	刀具名称	刀具（尖）直（半）径	刀具参数/mm			偏置号		刀具（片）材料	刀柄型号	备注
				半径补偿量	长度（位置）补偿量	刀尖方位	半径	长度			

编制		审核		批准		共　页　第　页

▣▶ 练习与思考

一、选择题

1. 以下措施不能降低镗孔表面粗糙度值的是（　　　）。

A. 减小进给量　　　　　B. 提高切削速度　　　　　C. 减小刀尖圆弧半径

2. 深孔是指孔的深度为其直径（　　　）倍的孔。

A. 5　　　　　　　　　B. 8　　　　　　　　　　C. 10

3. 车削加工时，切削力可分解为主切削力 F_z、背向力 F_y 和进给力 F_x，其中消耗功率最多的是（　　　）。

A. 进给力 F_x　　　　　B. 背向力 F_y　　　　　　C. 主切削力 F_z

4. 在数控车床上加工套类零件时，夹紧力的作用方向应为（　　　）。

A. 轴向　　　　　　　　B. 径向　　　　　　　　　C. 垂直于主要定位表面

5. 采用固定循环指令编程，可以（　　　）。

A. 加快切削速度，提高加工质量

B. 缩短程序的长度，减少程序所占内存

C. 减少换刀次数，提高切削速度

D. 减小背吃刀量，保证加工质量

6. 粗加工阶段的关键问题是如何（　　　）。

A. 提高生产率　　　　　B. 提高零件的加工精度　　C. 确定精加工余量

7. 对于 G71 指令中的精加工余量，当使用硬质合金刀具加工 45 钢材料工件上的内孔时，通常取（　　　）mm 较为合适。

A. 0.5　　　　　　　　B. -0.5　　　　　　　　　C. 0.05

二、判断题

1. 为便于加工，中间工序尺寸的公差一般按"入体原则"标注，毛坯尺寸的公差一般按双向偏差标注。（　　　）

2. 数控加工中，对于易发生变形、毛坯余量较大、精度要求较高的零件，常以粗、精加工划分工序。（　　　）

3. 全闭环数控车床的定位精度主要取决于检测装置的精度。（　　　）

4. 固定形状粗车循环指令适合加工已基本铸造或锻造成形的工件。（　　　）

5. 热处理调质工序一般安排在粗加工之后、半精加工之前进行。（　　　）

6. 系统操作面板上复位键的功能为接触报警和数控系统的复位。（　　　）

7. 判定机床坐标系时，应首先确定 X 轴。（　　　）

8. 主轴误差包括径向跳动、轴向窜动、角度摆动。（　　　）

9. 数控加工中圆弧的编程既可以用圆心坐标编程，也可以用半径值编程。（　　　）

三、简答题

1. 套类零件有哪些特点？

2. 简述数控车削加工中保证工件同轴、垂直度要求的装夹方法以及各自适用的场合。

3. 一般套类零件的主要技术要求有哪些？

项目 十二 认识智慧工厂岗位需求

工作任务描述

制造业是国家经济发展的核心驱动力和基石，在中国，制造业被普遍视为"立国之本，强国之基"，打造具有国际竞争力的制造业是提升综合国力、保障国家安全、实现世界强国梦想的必由之路。新一代的工业革命已经在缓缓展开，信息技术将是未来各个国家大力发展的方向。新一代信息技术与制造业的深度融合将带来制造模式、生产组织方式和产业形态的深刻变革，一个企业的智能化改革将从企业运行模式、工作生产模式、制造执行系统方面进行信息化技术的改变。本项目以 ERP 层、MES 层、PCS 层为例介绍制造企业的转变模式与运行模式。

学习目标

1）了解制造企业信息化转型的方向。
2）通过了解制造企业的转型方向选择符合自身条件的岗位。
3）了解智慧工厂对职工的基本要求。
4）能简单叙述 MES（制造执行系统）的运行流程。

学习环节一 认识制造企业的运行模式

中国制造业在改革开放以来发展迅速，形成了完整的产业体系，有力推动了工业化和现代化进程，增强了综合国力。然而，与世界先进水平相比，中国制造业仍存在差距，如自主创新能力、资源利用效率、产业结构水平、信息化程度、质量效益等方面。因此，制造企业转型升级和跨越发展的任务紧迫而艰巨。

制造企业运行流程如图 12-1 所示，这类模式下各个环节之间由于部门的重点关注方向不同，需要极大的沟通成本。在原来市场经济中以大批量、常规化产品为主，企业运行模式问题并不会特别的凸显。但是新型的市场经济体以小批量、个性化、创新为主，那么企业的运行模式将要迎来极大的挑战。

ERP 系统正是对制造企业经营过程中每一个步骤进行跟踪和管理，并且对数据进行自动化处理，对存

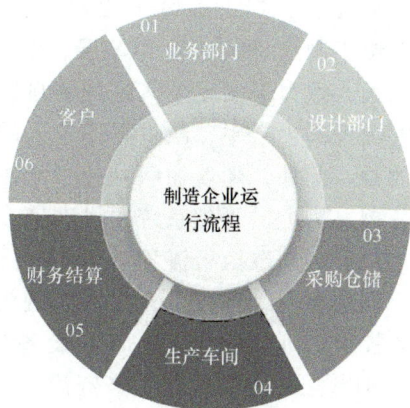

图 12-1 制造企业运行流程

在的问题进行及时反馈。制造企业通过使用 ERP 系统能够提高工作效率，减少人工成本，提高数据的准确性。

1. ERP 的概念

ERP（企业资源计划）系统作为集成化管理平台的代表，与之对应的系统模式还有 MRP（物料需求计划）、SCM（供应链管理）等。

2. ERP 的定义

它是建立在信息技术基础上，以系统化管理思想，为企业决策层及员工提供决策运行手段的管理平台。它能够合理地调配资源，最大化地创造社会财富，成为企业在信息时代生存、发展的基石。

3. ERP 的作用

ERP 系统优化资源配置、提高生产率、降低运营成本、增强竞争力。它提供实时数据和信息，帮助企业了解和管理业务流程，做出明智决策。同时，支持多种生产方式以适应市场变化。

ERP 系统特点包括：

1）集成性。整合各部门和业务流程数据。
2）管理性。提供管理工具，帮助管理层监控和分析业务。
3）操作性。提高操作效率，使员工更快捷、准确地完成工作。
4）可配置性和可扩展性。适应不同类型和规模企业需求，以及未来发展和业务变化。
5）数据安全。确保数据安全和完整性。
6）业务流程优化。协调各环节和流程，提高运作效率和生产率。

学习环节二　认识制造企业实施数字化转型模式

1. 智慧工厂的总体框架

在当今全球化的经济环境中，智慧工厂信息化已成为提升企业竞争力、优化生产流程、提高管理效率的重要手段。国际上，智慧工厂信息化总体架构通常遵循一个三层次的划分原则，即 PCS（过程控制系统）层、MES 层和 ERP 层。这三层架构相互支撑、互为补充，共同构成了一个完整、高效的生产与管理信息系统，如图 12-2 所示。

2. 智慧工厂框架的介绍

位于制造一线的为 PCS 层，即过程控制系统层。这一层主要以硬件设备为主，面向操作工人，致力于实现生产过程的自动化操作。通过引入先进的自动化设备和技术，PCS 层能够大幅提高生产率，减少操作工人的工作强度，降低人为错误率，从而为企业创造更大的经济效益。此外，随着物联网技术的快速发展，PCS 层还可以实现对生产设备的实时监控和数据分析，为上层管理系统提供准确、及时的生产数据支持。

往上为制造执行流程的 MES 层，即制造执行系统层。MES 层以生产运行管理软件为核心，面向生产管理人员，旨在实现生产管理的信息化。通过 MES 层，生产管理人员可以实时监控生产现场的生产进度、设备状态、物料消耗等信息，确保生产计划的顺利执行。同时，MES 层还能够优化生产资源的配置，提高生产管理的灵活性和响应速度，从而帮助企业更好地应对市场变化。此外，MES 层还能够促进管理组织的扁平化和紧密化，加强部门

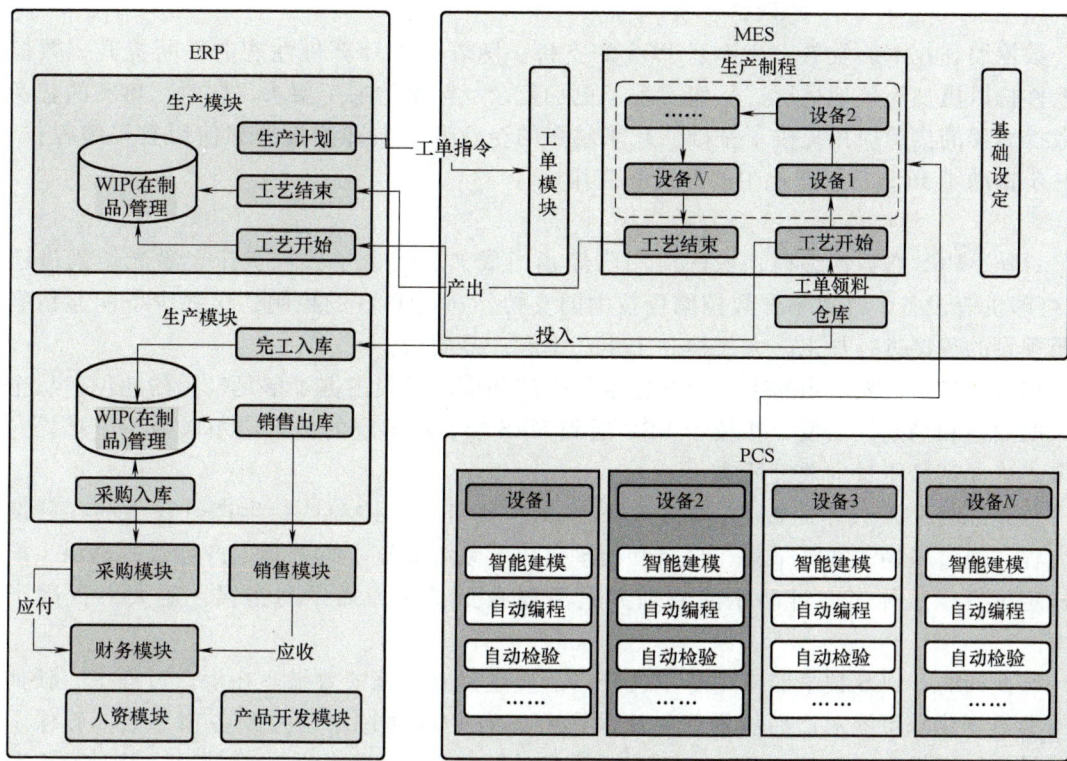

图 12-2　智慧工厂三层架构关系图

之间的沟通与协作，提升整体管理效率。

　　最终为企业运营 ERP 层，即企业资源计划层。ERP 层以经营管理软件为主导，面向经营管理和决策人员，致力于实现经营决策管理的信息化。通过整合企业内部的各类资源信息，ERP 层能够帮助决策者全面、准确地掌握企业的运营状况和市场动态，为制订科学、合理的经营策略提供有力支持。同时，ERP 层还能够优化企业的业务流程和组织结构，实现管理组织的扁平化和集约化，提高企业的响应速度和创新能力。

　　综上所述，智慧工厂信息化的总体架构涵盖了 PCS 层、MES 层和 ERP 层三个层。这三个层次相互关联、相互作用，共同构成了企业信息化的核心框架。随着技术的不断进步和应用的不断深化，智慧工厂信息化将在提升企业竞争力、优化生产流程、提高管理效率等方面发挥越来越重要的作用。因此，企业应不断完善和优化自身的信息化体系，以适应日益激烈的市场竞争和不断变化的市场需求。

学习环节三　认识数控编程对于智慧工厂的意义

　　随着科技的不断进步，数控编程在制造业中发挥着越来越重要的作用。特别是在精密制造领域，数控编程已成为提高生产率、保证产品质量的关键手段。对于 PCS 而言，数控编程不仅为其提供了强大的技术底层基础，同时通过 PCS 将数控编程的精密度与精细度推向新的高度。

1. 数控编程与 PCS 的融合发展

数控编程技术的发展，离不开 PCS 的支持。随着个人计算机性能的不断提升，数控编程软件得以更加高效地运行，从而实现了更加复杂、精细的加工要求。同时，PCS 的普及也为数控编程的广泛应用提供了基础。越来越多的企业和个人开始接触和使用数控编程技术，进一步推动了 PCS 在制造业中的普及和应用。

2. PCS 在数控编程领域的发展现状

目前，PCS 在数控编程领域的应用已经相当成熟。无论是数控机床、激光切割机还是 3D 打印机等设备，都离不开数控编程技术的支持。通过 PCS 的控制，这些设备能够精确地按照预设的程序进行加工，大大提高了生产率和产品质量。

在智慧工厂的发展道路上，PCS 技术的推广和应用无疑占据了举足轻重的地位。从企业的长期效益和稳定性出发，相较于 ERP 层和 MES 层，PCS 层的技术应用成为了直接提升生产率、确保产品质量的关键所在。

首先了解 PCS 技术的核心功能。PCS 技术主要负责监控和控制生产过程中的各种设备和流程。通过精确的数据采集、分析和处理，PCS 系统能够实时调整生产参数，确保生产线的稳定运行。这种高度自动化的管理方式不仅减少了人为操作的错误，还大大提高了生产率。

与此同时，PCS 技术的应用对于提升产品质量具有显著的效果。在生产过程中，任何微小的参数变化都可能对产品质量产生重大影响。而 PCS 通过精确控制各项参数，确保了产品质量的稳定性和一致性。此外，PCS 还能实时监测生产过程中的异常情况，及时发出警报并采取相应措施，从而避免了潜在的质量问题。

相较于 ERP 层和 MES 层，PCS 层的技术应用更加直接地作用于生产现场，对生产率和产品质量的提升具有立竿见影的效果。ERP 系统主要关注企业的整体资源规划和管理，而 MES 则侧重于生产计划的执行和现场管理。而 PCS 则直接控制着生产设备的运行和生产流程的执行，是确保生产率和产品质量的关键所在。

此外，随着物联网、大数据等技术的不断发展，PCS 的功能和应用范围也在不断扩展。通过与这些先进技术的结合，PCS 能够实现更加智能化的生产管理和控制。例如，通过实时采集生产数据并进行分析，PCS 能够预测设备的维护需求，提前进行维护保养，避免生产中断。同时，通过对生产数据的深入挖掘和分析，企业还能够发现生产过程中的瓶颈和问题，为生产优化和改进提供依据。

综上所述，PCS 技术在智慧工厂的发展中具有举足轻重的地位。通过直接控制生产设备的运行和生产流程的执行，PCS 能够有效地提升生产率和产品质量。随着物联网、大数据等技术的不断发展，PCS 的功能和应用范围还将不断扩展，为智慧工厂的进一步发展提供有力支持。

3. 数控编程的发展趋势

随着科技的不断进步，数控编程技术将继续向更高层次发展。

首先，数控编程将更加智能化。通过引入人工智能技术，数控编程软件将能够自动识别和优化加工过程，进一步提高生产率和产品质量。

其次，数控编程将更加网络化。随着物联网技术的普及，数控编程将与生产设备、管理系统等实现无缝对接，实现生产过程的实时监控和远程控制。

最后，数控编程将更加注重绿色环保。通过优化加工工艺和减少材料浪费等措施，数控编程将为制造业的可持续发展做出贡献。

总之，数控编程与 PCS 的融合发展将为制造业带来更加广阔的前景和更加高效的生产模式。随着科技的不断进步和应用领域的不断拓展，数控编程技术将在未来发挥更加重要的作用，为人类社会的发展做出更大的贡献。

学习环节四 完成学习任务单

通过对智慧工厂三层架构的学习，利用信息收集手段完成以下任务。通过任务实施帮助同学们完成自身定位，为今后发展奠定方向与基础。

项目名称：认识智慧工厂岗位需求		学习阶段：3 年级	
任务名称：分析智慧工厂的岗位需求			
班级		姓名	
学号		指导教师	

1. 信息整理

独立工作：通过前面学习任务的学习，在下方的表格中写出三个层次企业设立的运行岗位，并写出岗位的工作内容（请完善表格）。例：总办、销售、售后、财务、出纳、检测、仓管、调度、厂长、项目经理、项目主管、生产计划管理、生产主管、督导、组长、领班、工艺、设计、检修、营运、统计……

ERP			MES			PCS		
序号	岗位	工作内容	序号	岗位	工作内容	序号	岗位	工作内容
1	总办	平台内容入录	1	检测	产品抽检	1	检修	设备维护
2	销售	沟通客户	2	仓管	物品出入库	2	操作员	设备操作
3			3			3		
4			4			4		
5			5			5		
6			6			6		
7			7			7		

2. 项目实施

1）小组讨论：根据学习内容，简画出智慧工厂的运行模式图（通过 ERP→MES→PCS 的逻辑顺序）。

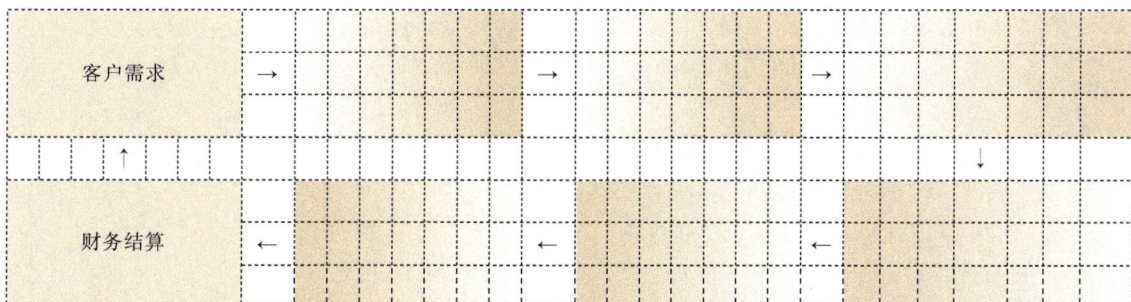

客户需求		→			→			→	
		↑							↓
财务结算		←			←			←	

2）独立工作：通过信息收集技术，归纳岗位的工作环境，以及选择自身希望从事的工作环境及工作模式。

工作场景			
公司	工厂	通勤为主	居家

工作时间			
朝九晚五	倒班制（夜班、白班）	业务为先制	自由时间

3）独立工作：根据以上的信息归纳，通过企业层次、运行模式、工作环境和时间选择自身希望的岗位，填写并说明理由。

班级			姓名	学号	成绩
企业层次		工作环节		环境	
分析内容		分析理由			
人际沟通能力					
专业研发能力					
设备操作能力					
吃苦耐劳能力					
工作协调能力					
……					

参 考 文 献

［1］　许玲萍，穆国岩. 数控机床编程与操作［M］. 4 版. 北京：机械工业出版社，2023.
［2］　任国兴. 数控机床加工工艺与编程操作［M］. 2 版. 北京：机械工业出版社，2014.
［3］　熊熙. 数控加工与计算机辅助制造及实训指导［M］. 北京：中国人民大学出版社，2000.
［4］　刘红军，任晓红. 数控技术及编程应用［M］. 北京：国防工业出版社，2016.
［5］　徐福林，周立波. 数控加工工艺与编程［M］. 上海：复旦大学出版社，2015.
［6］　李国东. 数控车床操作与加工工作过程系统化教程［M］. 北京：机械工业出版社，2013.
［7］　钱东东，罗平尔. 数控车床编程与操作项目教程［M］. 北京：机械工业出版社，2015.
［8］　段建辉. 数控车床编程与加工项目教程［M］. 北京：机械工业出版社，2018.